数学eラーニング

数式解答評価システムSTACKとMoodleによる理工系教育

中村泰之=著
Yasuyuki Nakamura

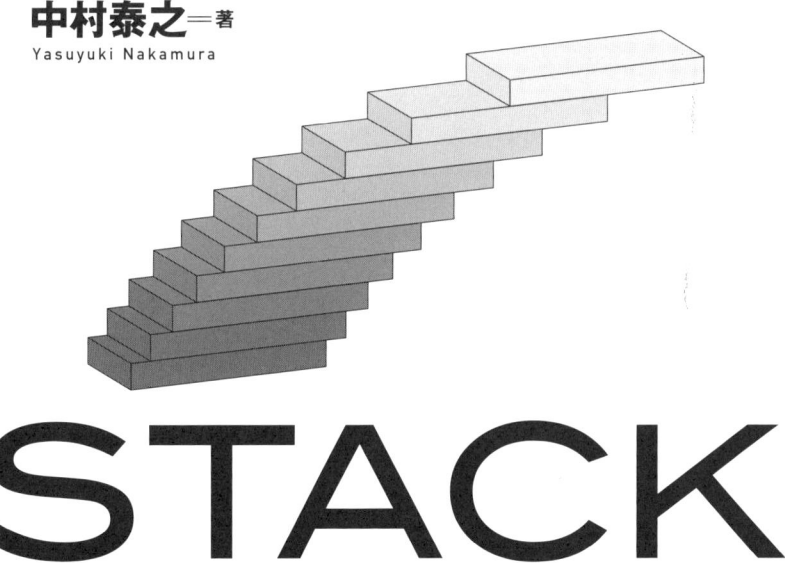

STACK

System for
Teaching and
Assessment using a
Computer algebra
Kernel

東京電機大学出版局

まえがき

　STACK (System for Teaching and Assessment using a Computer algebra Kernel) は，e ラーニングシステム Moodle のオンラインテスト（小テストモジュール）で，数式による解答を受け付け，数式としての正誤評価を可能にするシステムです。つまり，例えば「$\frac{d}{dx}(x^2+x+1)$ を計算せよ」という問題に対して，学生が送信した数式による解答の正誤評価・自動採点が可能になるのです。

　近年，効果的かつ効率的な学習を可能にすることを目指して，様々な教育機関でeラーニングシステムが導入されています。オンラインで公開されている教材を使って学習し，理解度を確認するためにオンラインテストを実施し，その成績を管理するといった利用形態は今では珍しくなくなってきました。ところが，オンラインテストで出題される問題の形式は，多肢選択問題，○/×問題，数値問題，記述問題などいくつか用意されていますが，数式の解答を扱い，数式として正誤評価・自動採点することは，それほど簡単なことではありません。先ほどの，「$\frac{d}{dx}(x^2+x+1)$ を計算せよ」という問題であれば，正答は $2x+1$ なので，解答の候補として，2*x+1，2x+1，1+2*x，1+2x など，学生が解答しそうな候補をいくつか用意しておき，それらのうちのどれかに一致していたら正答と判定するということも可能でしょう。では，「微分方程式 $\frac{dy}{dx}=y$ を解け」という問題の場合どうでしょうか。正答は，任意定数を C として $y=Ce^x$ ですが，学生の解答の正誤評価を行うにあたり，いくつかの困難が生じます。

- 学生が，任意定数として C 以外を使用した場合はどのように対処すればよいだろうか。あらゆる文字が使われる可能性に対し，もれなく解答の候補を用意することはできない。
- 「任意定数は C とせよ」などの注意書きをつけておくと，任意定数が必要であることを，ヒントとして与えてしまうことになる。
- $y=e^x$ という学生の解答に対して 0 点としてしまうのは気の毒である。部分点を与えられないか。

このようなことから，数式を扱うような数学をはじめとする理工系教育を e ラーニングで実施することには限界があると言わざるを得ません。しかし，STACK はそれら

の問題を数式処理ソフトウェア Maxima を利用することにより，見事に解決することができるのです．

そして，STACK は数式の解答を評価し自動採点を行うだけでなく，学生の様々な解答に対して，適切なフィードバックを返すように設定することもできます．例えば，先ほどの微分方程式の問題において，$y=e^x$ という学生の解答に対して部分点 0.5 点を与えると同時に，「任意定数を忘れています」といったコメントを表示させるといったことです．さらに，学生がどのような解答をしてきたのかの履歴を参照することも可能であり，それを生かして教師は学生に対し適切な指導を行うということも可能になるでしょう．本書の目的は，以上のような様々な STACK の機能を利用して，これまで e ラーニングで教育を行うことにある種の限界のあった理工系教育にも，その限界を克服して e ラーニングを導入することができることを示すことです．

本書の構成は次のとおりです．第 1 章では STACK と同様の機能を持つ，いくつかの数学オンラインテストシステムを紹介しながら，STACK とはどのようなシステムであるのかについて記述しています．第 2 章は，STACK ではどのようなことができるのかを概観しています．まず，STACK で作成された Moodle の小テストの問題を解いていきながら，数式による解答の入力，その正誤評価，採点，フィードバック表示といった，一連の流れを確認しています．さらに，小テストの受験結果を確認しながら，学生の解答の傾向を調べることにより，どのような指導を行えばよいのか，教師の視点に立った STACK の利用についても紹介しています．第 3 章は解答を数式で入力する場合の数式の入力方法についてまとめています．STACK で作成された問題を受験する学生に，目を通してもらうとよい内容です．第 4 章，第 5 章は最も重要な作業であるとも言える，STACK での問題作成方法について，サンプル問題を例にとりながら，様々なタイプの問題作成方法について解説しています．第 6 章では，STACK で作成された問題を Moodle の小テストでどのように利用するのか，STACK と Moodle との連携について解説されています．最終章では STACK の様々なレポート機能を紹介しています．特定の問題について学生の解答の傾向を把握することにより授業設計に反映させたり，特定の学生の解答の履歴を把握することで個別の指導に生かしたりすることもできるでしょう．ここまでの章で，STACK の基本的な機能を利用することができるようにするため，流れを重視しており，個別の詳細な設定方法は付録に委ねています．したがって，初めて STACK を利用する場合は，第 7 章までは順番に読み進めていくことをお勧めします．

本書には，著者の浅学による誤りが数多くあるものと思われます．読者の方々にご指摘いただければ幸いです．

さて，ここで著者と STACK とのかかわりについて少し紹介いたします．著者が

STACK を初めて知ったのは，2005 年に奈良女子大学で開催された数式処理の応用に関する国際会議 ACA2005（Applications of Computer Algebra）においてでした。その国際会議の教育セッションで，イギリス人の研究者 Christopher Sangwin 氏が STACK についての研究発表を行っていたのです。STACK というシステムに興味を持った著者は，発表の後さらに詳しい説明をしてもらったのですが，最後に彼から「STACK の日本語版を作成しないか」という思いがけない誘いをいただきました。「Yes」と即答してから，部分的な日本語化を行うも，Moodle との連携が実現された STACK のメジャーバージョンアップもあり，しばらく日本語化の作業は停滞していました。しかし，株式会社 e ラーニングサービスの中原氏の協力をいただいて，今回，完全な多言語化方式による日本語化が完了し，本書を出版することになり，5 年という長い期間を経てしまいましたが，Sangwin 氏からいただいた誘いに応えることができたことを嬉しく思います。

　最後になりますが，本書の執筆にあたりご協力いただいた皆様に，お礼を述べたいと思います。STACK の開発者である Christopher Sangwin 氏には，本書を出版するにあたり，「開発者まえがき」の執筆を心よく引き受けていただくとともに，STACK のロゴ[*1]の使用の許可をいただきました。株式会社 e ラーニングサービスの秋山實さん，中原敬広さんには，日本語版 STACK の整備，日本語版 STACK コミュニティ（Ja STACK.org）の運営を手伝っていただくとともに，「第 6 章 Moodle との連携」，「付録 E インストールガイド」の執筆にあたって協力していただきました。富山大学総合情報基盤センターの木原寛教授には，本書のドラフトの隅々にまで目を通していただき，貴重なコメントをいただきました。東京電機大学出版局の松崎真理さんには，本書の企画の段階から様々なアドバイスをいただくなど，大変お世話になりました。皆様に，心より感謝申し上げます。

　なお，本書で取り上げたサンプルの問題はすべて，日本語版 STACK コミュニティのサイト http://ja-stack.org/ の「数学 e ラーニング」サポートコースで公開しています。また，本書の正誤表も同コースに掲載する予定です。

　STACK を活用した理工系教育の e ラーニングを実践するために，本書がなんらかのきっかけ，一助となれば幸いです。

2010 年 6 月
中村泰之

[*1] http://stack.bham.ac.uk/wiki/index.php/Logo

開発者まえがき

　学生の成績評価を行うために，長年コンピュータが利用されてきました。1970年代には，学生が特定の科目を学習する際の助けになるような，洗練された個別指導システムが何人かの研究者によって開発されています[1]。しかし，そのときに比べて状況は大きく変わってきました。コンピュータはその性能が向上し，学生にとってもより入手しやすくなり，またネットワークにつながるようになってきたのです。計算機代数，コンテンツ・マネージメント・システムの開発，学生はどのように学習するのかに関する理解のために，多くの研究者は長年努力してきましたが，現在使われているコンピュータを利用した評価システムは，そのような研究の成果であると言えます。

　コンピュータを利用した評価は，学生の学習を手助けするために使うことのできるツールの1つですが，それが効果的に利用されるかどうかは，教師と学生双方の利用の仕方にかかっていると言えます。この本は，最近の，数学のためのコンピュータを利用した評価システムについて紹介するものです。

　数学の多くの問題では，解答が正しいかどうかが曖昧さなく言うことができるという意味において，数学は特徴的です。しかし，今やその特徴について，伝統的な紙ベースでの議論とは異なる方法，つまりコンピュータを用いて明確に示す必要があります。初等数学では典型的な次の問題を考えてみましょう。

$$8^{\frac{1}{3}} \text{ を簡単化せよ}$$

私たちは実際には「簡単化せよ」を「3乗根を計算せよ」と解釈し，計算を進めるでしょう。そして，教師は紙の上に書かれた解答を見て，2という解答は正答であるし，$-1+i\sqrt{3}$ も正答であるとみなします。私たちは3乗根を計算したのですが，「$8^{\frac{1}{3}}$ を簡単化せよ」という問題に対し，2や $-1+i\sqrt{3}$ という解答は，「より簡単化されている」と言えるでしょうか。数学や計算機代数システムにとって，「簡単化せよ」という指示は何を意味しているのでしょう。この問題の場合，解答が方程式 $x^3-8=0$ を満たすことが求められているのです。したがって，コンピュータを利用した評価では，学生の解答を x^3-8 に代入し，代数的に0に等しいかどうかを判定することになります。紙に書かれた解答が，私たちの想定している2や $-1+i\sqrt{3}$ という解答と一致しているかどうかという評価から，解答が満たしていなければならない性質を考慮

するという，注目すべき点のわずかな変化が重要なのです．しかし，学生が解答として $8\frac{1}{3}$ や $64\frac{1}{6}$ を提示した場合，コンピュータを利用した評価ではどのようなフィードバックを与えるべきでしょうか．

　コンピュータを利用して評価しようとする場合，以下に示すような，数学の教師が誰でも考えるであろう大変興味深い教育的，数学的な疑問が生じます．

- 特定の要素を含み，授業計画の中で適切な位置づけがなされているとみなされる問題を，どのようにランダムに作成することができるだろうか．
- 伝統的な数学の表記における曖昧さとは何であろうか，また学生がコンピュータに解答を入力するために，どのような構文を用いればよいだろうか．
- 正答が満たすべき特徴は何であるか，またそれをどのように記述すればよいであろうか．
- 学生はどのような誤りを犯しやすいか，またよりよく学ぶことができるためには，そのような誤りに対してどのようなフィードバックを与えるとよいであろうか．
- より効果的に教えるために，教師は，1人の学生，あるいは全学生の解答をどのように調べたらよいだろうか．

　私は，これらの疑問に答えるにあたり，この本が刺激となることを期待しています．結局，数学の問題に対してコンピュータを利用した評価を行おうとすると，私たちが教えられてきた多くのことをもう一度考えることにつながるのです．これまで行ってきた伝統的な教育を，単純にオンラインに置き換えたいと思うでしょうか．

　コンピュータはあまりにも急速に進歩しているため，どのような教育改革でもその有効性を的確に評価することは困難です．教育面と，ソフトウェアの開発をさらに進めていくことの両面において，やらなければならないことはまだ多く残っています．私がコンピュータを利用した評価システムである STACK の開発を決めたときには，上で挙げた疑問に対する解答がそれほど難しいとは予想だにしていませんでした．確かに伝統的な記号数学の意義は大きいし，私が気がつかない，もっともな多くの教授法もあるでしょうが，私たちは今出発点に立ったばかりだと考えています．私はこの本が，読者がご自身の仮説や経験に対して疑問を投げかけ，そして得た答えによって教育の有効性を高め，学生の学習を促進することに役に立つことを心より願っています．

クリストファー・サングウィン
2010年6月　バーミンガムにて

Computers have been used to aid assessment for many years. In the 1970s colleagues, for example [1], were already writing sophisticated tutoring systems to help students learn specific topics. A lot has changed since then. Computers are more powerful, more available to students, and they are networked together. Many years of collaborative effort have been devoted to developing computer algebra, content management systems and understanding how students learn. The computer aided assessment systems of today are the result of this work.

Computer aided assessment is another tool which we can use to help our students learn. Whether the tool is used effectively is the responsibility of both the teacher and the student. This book introduces some contemporary computer aided assessment tools for mathematics.

Mathematics is unusual in that for many questions the correctness of an answer can be established unambiguously. However, now the teacher needs to articulate the properties they seek in a way which differs from that of the traditional paper-based environment. Consider the following question from very elementary mathematics which is typical.

$$\text{Simplify } 8^{\frac{1}{3}}.$$

We would argue that "simplify" here probably actually means "evaluate the cube root" and proceed with this assumption. On paper the teacher *looks at the written answer*. An answer of 2 is correct, an answer of $-1+i\sqrt{3}$ is also correct. We have evaluated the cube root, but is it "simpler"? What does the instruction simplify mean, in mathematics and to a computer algebra system? In this case the property required is that the answer satisfies the equation $x^3 - 8 = 0$. Hence, for CAA, we substitute the student's answer into the expression $x^3 - 8$ and try to establish algebraic equivalence with zero. This subtle shift of emphasis from the written answer to the properties it must satisfy is typical. But, what feedback should the system give if a student responds with $8^{\frac{1}{3}}$ or even $64^{\frac{1}{6}}$?

Computer aided assessment raises some very interesting educational and mathematical questions which all teachers of mathematics might like to consider.

- How should we randomly generate questions which preserve their "essence" and their place in the scheme of the lesson?
- What are the ambiguities in traditional mathematical notation and how does syntax address these to let students enter answers into a machine?

- What are the properties a correct answer should have and how do we establish them?
- What are likely mistakes and what feedback will help students learn better?
- How should the teacher examine the work of one student, or the whole group, to teach more effectively?

I hope this book provides a stimulus to address some of these questions. After all, computer aided assessment of mathematics provides us with an opportunity to re-think many of the things we were taught. Do we want to simply replicate traditional teaching online?

Computers develop so quickly that it is impossible to adequately evaluate the effectiveness of any teaching innovation. There is also much work still left to be done, both educational and in further developing the software. When I decided to develop the STACK CAA system I never imagined the answers to the questions above would be so elusive. Indeed, there were many things about the meaning of traditional symbolic mathematics and how we teach which I didn't realize I took for granted. Now I believe we have only started this work. I sincerely hope this book helps you question your own assumptions and experiences and that the answers you obtain improves the effectiveness of your teaching and the learning experience of your students.

Christopher Sangwin
Birmingham, June 2010.

目次

第1章　STACKとは？　　1
1.1　自然科学のためのeラーニング …………………………………………………… 1
1.2　数式を扱うeラーニングシステム ………………………………………………… 2
1.3　Mathematicaを用いたシステム …………………………………………………… 4
1.4　その他のCASを利用したシステム ……………………………………………… 5
1.5　STACK ……………………………………………………………………………… 6

第2章　STACK概観　　14
2.1　小テストの受験 …………………………………………………………………… 14
2.2　受験結果の表示 …………………………………………………………………… 26

第3章　STACKでの数式入力　　30
3.1　基本 ………………………………………………………………………………… 30
3.2　関数 ………………………………………………………………………………… 32
3.3　行列 ………………………………………………………………………………… 33
3.4　Dragmathエディタ ………………………………………………………………… 34

第4章　STACKで問題を作成する：基礎編　　41
4.1　準備 ………………………………………………………………………………… 41
4.2　固定問題 …………………………………………………………………………… 42
4.3　ランダム問題 ……………………………………………………………………… 49
4.4　フィードバックの追加 …………………………………………………………… 53
4.5　解答の手引きの追加 ……………………………………………………………… 57

4.6　次のステップ ………………………………………………………………………… 60

第5章　STACKで問題を作成する：応用編　61

　5.1　グラフを利用した問題 ……………………………………………………………… 61
　5.2　複数の解答欄を持つ問題
　　　　——1つのポテンシャル・レスポンス・ツリーの場合 ……………………… 65
　5.3　複数の解答欄を持つ問題
　　　　——複数のポテンシャル・レスポンス・ツリーの場合 ……………………… 71
　5.4　積分の問題 …………………………………………………………………………… 75
　5.5　行列の問題（1）……………………………………………………………………… 78
　5.6　行列の問題（2）……………………………………………………………………… 81
　5.7　微分方程式の問題（1）——非同次1階微分方程式 ……………………………… 87
　5.8　微分方程式の問題（2）——同次2階微分方程式 ………………………………… 92
　5.9　微分方程式の問題（3）——連立微分方程式 …………………………………… 99
　5.10　力学の問題 ………………………………………………………………………… 103
　5.11　問題の再利用 ……………………………………………………………………… 106

第6章　Moodleとの連携　111

　6.1　問題バンクへの登録 ……………………………………………………………… 111
　6.2　小テストの作成 …………………………………………………………………… 116

第7章　レポートの活用　120

　7.1　「問題」のレポート ……………………………………………………………… 121
　7.2　「学生」のレポート ……………………………………………………………… 123
　7.3　「評定表」のレポート …………………………………………………………… 126

付録A　STACKにおけるMaxima　128

　A.1　Maximaの基本 …………………………………………………………………… 128
　A.2　簡略化 ……………………………………………………………………………… 131
　A.3　STACKで定義されているMaximaのコマンド・関数・用法 ……………… 131
　A.4　その他の例 ………………………………………………………………………… 135

付録B 問題の編集　138

- B.1 問題作成 …………………………………………………… 138
- B.2 解答欄の設定 ………………………………………………… 140
- B.3 ポテンシャル・レスポンス・ツリー ……………………… 152
- B.4 オプション …………………………………………………… 157
- B.5 解答に対するフィードバックの設定 ……………………… 160
- B.6 メタデータ …………………………………………………… 161
- B.7 Moodle オプション ………………………………………… 163

付録C 評価関数　164

- C.1 概要 …………………………………………………………… 164
- C.2 等号 …………………………………………………………… 165
- C.3 表現 …………………………………………………………… 167
- C.4 精度 …………………………………………………………… 169
- C.5 計算 …………………………………………………………… 170
- C.6 その他 ………………………………………………………… 170
- C.7 新しい評価関数の開発 ……………………………………… 171

付録D CASテキスト　172

- D.1 CAS テキストの基本 ……………………………………… 172
- D.2 変数の利用 …………………………………………………… 173
- D.3 基本的な TeX コマンド …………………………………… 174
- D.4 よく使う HTML …………………………………………… 175
- D.5 Google Chart Tools の利用 ……………………………… 176

付録E インストールガイド　178

- E.1 サーバ ………………………………………………………… 178
- E.2 LISP SBCL ………………………………………………… 179
- E.3 Maxima ……………………………………………………… 180
- E.4 jsMath ………………………………………………………… 181
- E.5 TtH, TtM …………………………………………………… 183

E.6　STACK ………………………………………………………………… 184
E.7　Moodle プラグイン …………………………………………………… 191

参考文献 ……………………………………………………………………………194

索引 …………………………………………………………………………………197

第1章

STACK とは？

1.1 自然科学のための e ラーニング

　近年，大学内における情報インフラが整備（各種メディアセンター，コンピュータ教室の整備など）され，家庭内で ADSL，光ファイバーなどの高速インターネットが普及してきたこと，また，公衆無線 LAN が整備され，携帯電話の機能が充実してきたことなどを背景に，今やいつでもどこでもインターネットに接続する環境が整ってきた。このような環境を積極的に学習・教育に利用するため，教材を Web 上に配備し，それを授業中に補助的に用いたり，あるいは学生が自学・自習できるようにした，いわゆる e ラーニングが多く利用されるようになってきている。

　このような e ラーニングの広まりとともに，自然科学教育分野でも様々な取り組みがなされている。例えば物理教育の分野では，早い時期から Java 言語などを用いた，様々な物理現象のシミュレーション教材などが提供され，Java Applet の機能を用いて，ブラウザ上でシミュレーションが可能なシステムが，多くのサイトで公開されてきた[2, 3]。なかには Java3D を用いた 3 次元シミュレーションを実現しているものもあり[4]，表現の幅が広がっていることがうかがえる。また，Flash を用いたシミュレーション教材も公開されている[5]。さらに，シミュレーション教材だけでなく，掲示板を備えてサイトの利用にインタラクティブ性を取り入れたり，練習問題のドリルを設けたりして，学習効果をねらったサイト「初歩のサイエンス Everyday Physics on Web」[6]なども存在する。そして，化学分野では「有機化学 plus on web」[7]のような教科書をサポートするサイトでは，化合物の 3 次元分子モデルを表示したり，オンラインテストを提示したりしている。ただ，これらのシミュレーション教材のほとんどが，自然現象を支配する方程式を数値的に解き描画するものであり，利用者が設定することができるのは，方程式のパラメータ，初期条件などの数値データのみで

ある。方程式自体の数式入力を可能にしたものは一部[8]をのぞき，ほとんど見られない。また，練習問題も多くの場合，正解を選択するか，数値解答方式など単純なものがほとんどである。

数学教育を目的としたサイトも数多く公開されている。なかでも，CIST-Solomon[9, 10]では，Flashを活用した動画による解説，練習問題ドリル，成績集計などを備え，数学補助教材としては完成度の高いものとなっている。しかし，オンラインテストでは選択式，数値入力式が中心となっており，学生が数式を入力し，数式として正誤評価を行うものとはなっていない。

このように，自然科学教育を目的としたサイトでは，教材を提供するという目的としては様々な効果的な利用方法が提案されているが，オンラインテストに関しては，多くの場合，問題解答方法が選択式や数値入力式などに限られている。しかし，オンラインテストとして，解答を数式で入力し，数式の正誤評価が可能であれば，練習問題の種類の幅を広げることにもつながると考えられる。

1.2　数式を扱うeラーニングシステム

Web上で数式を扱うことができ，数式を数式として処理（解釈，正誤評価）できれば，数学をはじめとした自然科学教育のコンテンツ開発に，可能性が広がることが期待される。これらのうち，以下では数学教育の分野に話題を絞り，Web上での数学オンラインテストシステムについて考察していくこととする。なお，オンライン上ではないが，The Mathematics Survival Kit [11, 12]は，練習問題に数式で解答し，数式としての正誤評価が行われる，テキスト（解説）と練習問題一体型の教材である。これはMaple[*1][13]のワークシート[*2]として構成されており，いわゆるe-Bookと呼ばれるものである。

数学オンラインテストシステムは，すでにいくつか公開されているが，利用している数式処理システム（Computer Algebra System, CAS）により，いくつかに分類される。

[*1] 1980年にカナダのウォータールー大学で開発された，連立方程式や微分方程式の求解，微積分計算，フーリエ変換・ラプラス変換などの数式計算，数値計算，そしてグラフ描画などを行うソフトウェアの1つ。このようなソフトウェアは数式処理システム（CAS）と呼ばれる。

[*2] Mapleで数式を入力したり，結果を表示したりする，作業を行うページのこと。Mathematicaのノートブックに対応する。

1.2.1 Mapleを利用したシステム

主要なCASを用いた最初のシステムはAiM（Assessment in Mathematics）[14, 15, 16]（図1.1参照）であると考えられ，CASとしてMapleを利用している。AiMはN. Van den BerghとT. Kolokolnikovによって開発された後，N. Stricklandにより現在のシステムの主要部分が構築され，英国のバーミンガム大学，シェフィールド大学，ヨーク大学などで利用されてきた。また，システムはJava Servletで動作しており，CASのMapleを除いて無償で利用することができる。

商品として販売されているものとして，Maple T.A. [17]が挙げられる。米国数学協会による数学のレベル判定テストとして，Maple.T.Aが採用され，オンラインで受験することが可能になった。様々な教育機関での利用報告も公開されている[18, 19]。また，Blackboard [20]やMoodle[*3][21]をはじめとする様々な学習管理システム（LMS）との連携が可能となっている。

また，イタリアのトリノ大学ではMoodleとMapleとを連携するためのモジュールを開発するプロジェクトが2007年に立ち上がり[22, 23]，MoodleとMaple T.A.との連携を模索している。

そのほかにも，Mapleを利用しているものとしてWallis [24, 25]（図1.2参照）や，

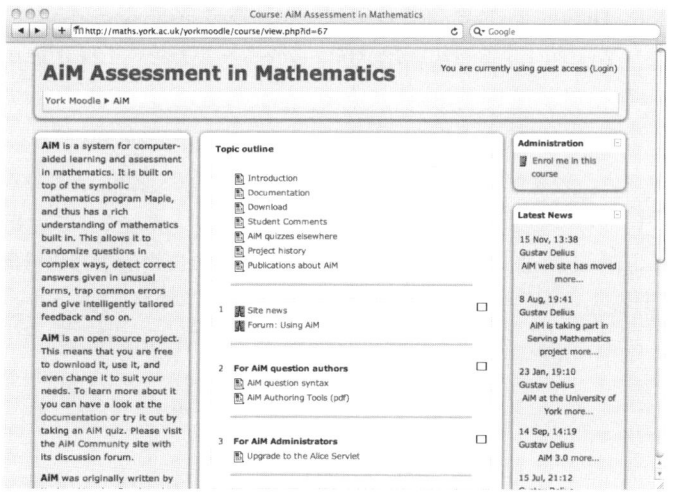

図1.1 AiM, Assessment in Mathematics

[*3] Martin Dougiamas等によって開発された，オープンソースの学習管理システム。日本でも多くの利用実績がある。

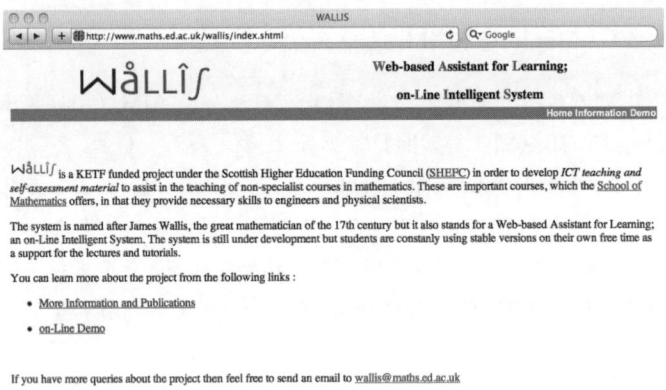

図 1.2　Wallis

WebLearn [26] も挙げられるが，主に開発元の教育機関で利用されている．

1.3　Mathematica を用いたシステム

Mathematica[*4]を利用した数学オンラインテストシステムとしては，CalMæth [27, 28]（図 1.3 参照）などが挙げられる．また，webMathematica[*5]を利用したオンラインで数式を扱うことのできるシステムもいくつか提案されている．例えば，Flash を利用して数式入力支援を実現したものがあり [29]，CAS に依存した数式入力書式を覚える必要がないという特徴がある．そして，携帯電話からも利用が可能なサイト [30] もあり，手軽に利用できることが特徴である．さらに，携帯情報端末の 1 つである，iPod touch 向けの教材を用いた，数学の探索的学習の授業実践も報告されている [31]．

---

*4　Stephen Wolfram が開発した数式処理システム．
*5　Mathematica のエンジンを用いて，Web 上でインタラクティブな数式計算とグラフ描画を可能にする Web アプリケーション．

図 1.3 CalMæth

1.4 その他の CAS を利用したシステム

Maple や Mathematica のような有償の CAS ではなく，オープンソースソフトウェアの CAS を利用したシステムも発表されている．CABLE [32] は CAS として Axiom [33] を用い，同じくオープンソースソフトウェアの LMS である LogiCampus [34] と組み合わせ，すべて無償のソフトウェアで実現されているシステムである．同じく無償のシステムとして，CAS の Maxima[*6][35, 36] と LMS の LON-CAPA [37] の組み合わせによる開発プロジェクト [38]（図 1.4 参照）も存在する．また，数学学習支援システム CAML [39] など，独自の数式正誤判定アルゴリズムを実装したシステムも存在する．そして，Maxima を利用した数学オンラインテストシステムとして完成度の高いものの 1 つが STACK [40, 41, 42] である．

次節では，無償でソースコードも公開されている STACK について，そのシステムの概要を紹介する．

[*6] 1971 年に開発が始まったオープンソースの数式処理システム．本書で紹介する STACK で利用されている．

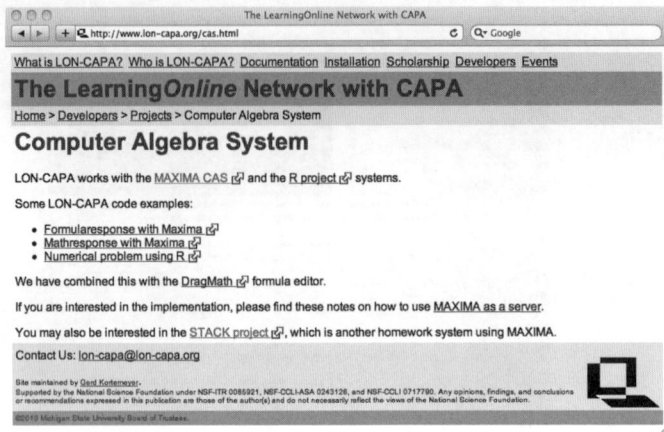

図 1.4　The LearningOnline Network with CAPA

1.5　STACK

1.5.1　STACK の基本機能

　STACK（System for Teaching and Assessment using a Computer algebra Kernel）（図 1.5 参照）とは，英国バーミンガム大学の Christopher Sangwin が中心となって開発した，数学のためのオンラインテストシステムであり，いわゆる Computer Aided Assessment（CAA）システムの 1 つである．CAA でよく使われる評価方法は，教師が用意した選択肢の中から正解を選ぶもの，解答を数値として要求するものなどが挙げられるが，STACK では，教師は学生に解答を数式として要求することができ，数式処理システムを利用してその正誤評価を行うことができる．正誤評価の基本方針は，次の疑似プログラムに表すことができる．

```
if
  simplify( teacher_answer - student_answer ) = 0
then
  mark = 1
else
  mark = 0
end if
```

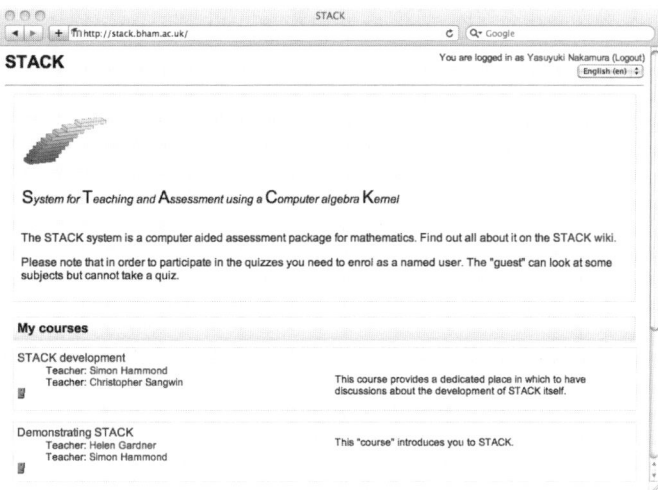

図 1.5　現在の STACK

　ここで，simplify は数式を簡単にする関数，mark は採点結果を格納するための変数として使われている。つまり，教師の答え (teacher_answer) と学生の答え (student_answer) が代数的に等しいときに，正解とするのである。教師の答えと学生の答えが数式として表される場合には，teacher_answer − student_answer を記号的に代数処理する必要が生じ，数式処理システムが必要となる。そのため，STACK ではオープンソースの CAS である Maxima（付録 A 参照）が採用されている。

　例えば，「x^2+3x+2 を因数分解せよ」という問題を考えよう。正解は，$(x+1)(x+2)$ であるが，学生の解答として，$(x+2)(x+1)$ という解答が提出された場合，もちろんそれも正解である。あらゆる解答の可能性を準備しておき，そのどれかに一致した場合に正解とする，という方針であれば，正解かどうかの判定に数式の代数処理を必要とすることはない。しかし，因数が多くなるなど正解が複雑になってくると，正解の候補をすべて準備することは容易ではない。一方，「教師の解答 − 学生の解答 = 0」となるとき，学生の解答は正解であるという判定ができれば，正解の候補を準備する必要はないが数式の代数処理が必要となる。STACK は Maxima を利用することにより，そのような処理を行っているのである。ただし，単純に「教師の解答 − 学生の解答 = 0」のときに正解であるとすると，学生が先の問題の解答として x^2+3x+2 を提出した場合にも「正解」となってしまう。それを避けるために，学生の提出した解答は「因数分解されているかどうか」もチェックしなければならないが，STACK ではそれも可能にしている。

教師が問題を作成・管理するために，STACK には様々な機能がある。

- 係数を変化させて，同形式で数値の異なる問題をランダムに自動作成できる。
- 数式入力，二者択一など様々なタイプの問題を作成できる。
- 「ポテンシャル・レスポンス・ツリー」（付録 B.3 節参照）を利用して，学生の解答に対して種々のフィードバックを与えることができる。具体的には，正誤評価，コメント，採点結果である。
- 小問を含む問題を作成することができる。
- 学生の解答が部分的に正しい場合は，部分点を与えることができる。
- 問題に応じて図やグラフが動的に作成され，学生の解答をもとに，フィードバックの中でも図やグラフを表示することができる。

1.5.2　STACK の歴史

STACK1.0

2005 年に英国バーミンガム大学の Christopher Sangwin によって STACK1.0（図 1.6 参照）が公開された。この年，奈良女子大学で開催された ACA2005（International Conference on Applications of Computer Algebra）で STACK に関する発表が行われている [43]。STACK1.0 は，システム単独で動作するもので，現在のように Moodle

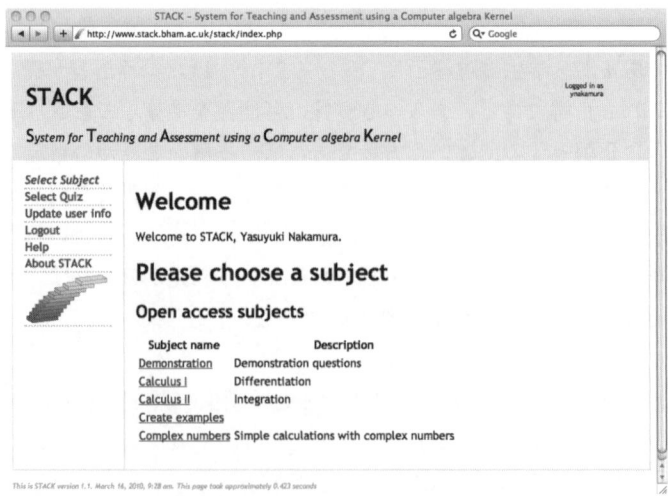

図 1.6　STACK1.0（現在は動作はしていない）

などCMSとの連携がなされているのではなく，STACKのシステム内で学生の成績も管理されていた。

日本語版STACK1.0

2007年にはSTACK1.0をベースに，中村[44]によって部分的に日本語化がなされた。各種メニュー，メッセージが日本語表記であることと，問題も日本語で作成可能であった。

STACK2.0

STACKの開発において大きな変革は，2007年にバーミンガム大学のJonathan HartとChristopher Sangwinによって開発され，公開されたSTACK2.0によってなされた。数式表示がそれまでのTtH[*7][45]，TtM[*8][46]を利用することに加え，jsMath[*9][47]が利用可能になったこと，1つの問題で複数の解答欄を扱うことができるようになったことなどが新しい機能であるが，何よりもLMSの1つであるMoodleとの連携がなされたことが大きな特徴である（図1.7参照）。

STACK2.0からユーザの管理はMoodleにすべて任せ，STACKではMoodleの小テストモジュールから利用可能な問題を提供することと，受験結果に関するレポートの作成を行っている。なお，MoodleからSTACKの問題を利用する場合，Opaque[*10][48]問題タイプとして登録する。

日本語版STACK2.0

中村・中原・秋山[49]は2009年にSTACK2.0の日本語化を行い（図1.8参照），日本語版STACKのコミュニティサイト[50]を運営している。日本語版STACK2.0では，各種メニュー，メッセージ，インストーラが日本語化されているだけでなく，MoodleとSTACKの言語環境が連携されるようになるなど，様々な改良も加えられている。次章以降では日本語版STACK2.0について解説している。

STACK2.1

2009年には，バーミンガム大学のChristopher SangwinとSimon Hammondにより，STACK2.1が発表された。STACK2.0からのマイナーバージョンアップである

[*7] TeXの書式で入力された数式をHTMLに変換するプログラム。
[*8] TeXの書式で入力された数式をMathMLに変換するプログラム。
[*9] TeXの書式で入力された数式をWebページで表示するためのJavaScriptプログラム。
[*10] 外部の問題バンクにある問題をMoodle上で利用可能にするもので，STACKではmoodle.orgで配布されているOpaque問題タイプに独自の改良を加えたものを使用している。

10 第1章 STACKとは？

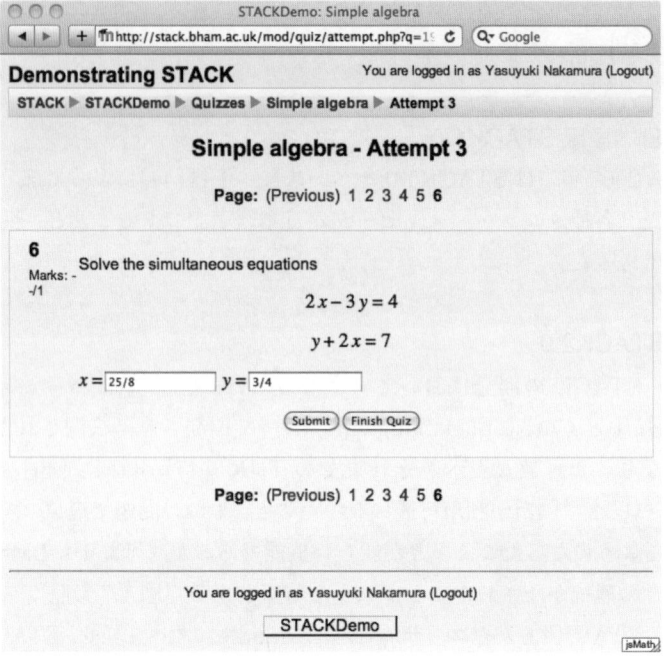

図1.7　複数の解答欄を持つSTACK2.0の問題例

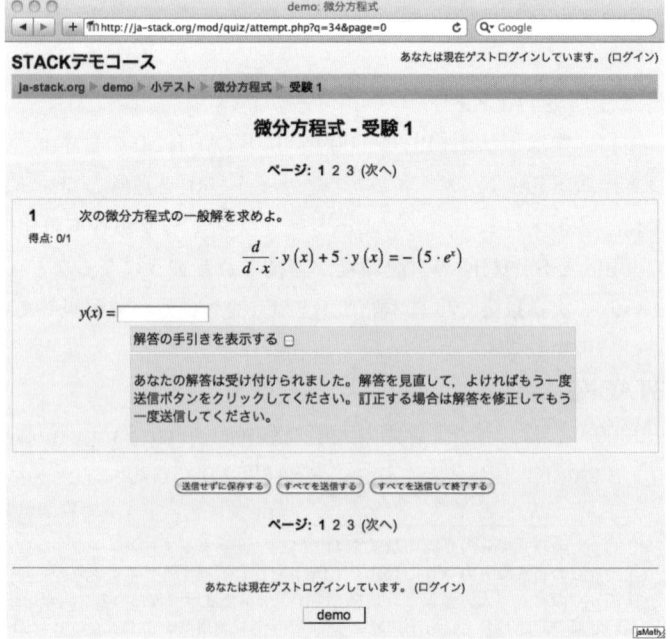

図1.8　日本語版STACK2.0の問題例

が，インターフェースの変更，Maxima 5.20.1 のサポート，新しい評価関数（付録 C 参照）の追加などが行われている。

STACK2.2

2010 年内には，STACK2.2 の発表が予定されている（2010 年 4 月執筆現在）。数式表示に TtH, TtM を使わないこと，レポート機能の充実，AiM や Maple T.A. の問題のインポート機能の強化などが計画されている。

1.5.3 STACK の構成

STACK は以下に示すように，すべてオープンソースソフトウェアで構成されていることが大きな特徴である。

Web サーバ

STACK は Web アプリケーションであるので，Apache [51] や IIS [52] といった Web サーバは必ず必要になるということは言うまでもない。現在のところ，STACK は Apache と IIS で動作が確認されている。なお，PHP プログラムが動作するように設定されている必要がある。

PHP

PHP は比較的短期間で習得が可能なスクリプト言語で，多くの Web サイトで採用されている。STACK は開発当初から Moodle との連携を意図していたようで，そのことが開発言語として，Moodle が書かれている言語 PHP を採用したことの大きな 1 つの理由であろう。STACK では PHP4 での動作はサポートしておらず，PHP5（5.2 が推奨されている）が必要である。また，データベース MySQL に接続できるようにしておかなければならない。そして，STACK と Moodle とを連携させるためには Opaque 問題タイプが利用されるが，そのために SOAP も必要になる。その他，zlib, DOM などのライブラリも組み込まれていなければならない。さらに，HTML を XHTML に整形するための Tidy や，Maxima をサーバモードで動作させるための Socket なども必要に応じて設定しておくとよい。

MySQL

STACK では問題の登録・管理にデータベースを用いており，MySQL が採用されている。4.1 以降がサポートされているが，5.0 以降が推奨されている。

Maxima

学生の解答の正誤評価には数式処理システムとして，オープンソースソフトウェアの CAS である Maxima が採用されており，STACK2.0 では 5.11 から 5.19.2 までがサポートされている．

GNUPLOT

STACK ではグラフを用いた問題の作成が可能であるが，グラフ表示には GNUPLOT [53] を用いる．4.0 がサポートされている．

Moodle

STACK2.0 から Moodle との連携が可能になったが，サポートされている Moodle は 1.9 以降である．

TtH, TtM, jsMath

$\TeX$ の書式で入力された数式をブラウザ上に表示するためのツールとして，TtH, TtM, jsMath のいずれかが必要であるが，TtH と TtM は STACK2.2 からは利用されなくなるので，現在では jsMath の利用が推奨されている．

1.5.4 STACK の情報源

STACK に関する情報源としては，現在のところ次の Web サイトが有益と言えるだろう．

- 本家 STACK サイト，`http://stack.bham.ac.uk/`
  Moodle で構築されたサイトで，自由にアカウント登録できる．Calculus というコースには，小テスト形式で豊富な問題サンプルが提供されている．
- STACK Wiki，`http://stack.bham.ac.uk/wiki/`
  現在は，ドキュメント類はこのサイトに集約されている．アカウントを作成すれば，編集に加わることも可能である．
- Using Moodle: Mathematics Tools, `http://moodle.org/mod/forum/view.php?id=752`
  Moodle.org の Using Moodle というコースの中にある，数学ツールに関するフォーラムであるが，STACK に関するディスカッションも盛んに行われている．ただし，`http://moodle.org/` でアカウントの登録が必要である．

- Ja STACK.org, http://ja-stack.org/
  日本語でSTACKに関するディスカッションのできる数少ないサイトの1つで，自由にアカウント登録できる。また，「STACKデモコース」というコースでは，ゲストアカウントでも小テストの受験が可能となっている。

STACKについて記述された書籍は現在のところほとんどなく，以下の書籍の中で少しページが割かれている。

- Ian Wild, "Moodle 1.9 Math: Integrate interactive math presentations, incorporate Flash games, build feature-rich quizzes, set online tests, and monitor student progress using the Moodle e-learning platform", Packt Publishing, 2009.

また，Twitterで@stackcaa [54]や@stackja [55]をフォローすることによりSTACKに関する「つぶやき」を読むことができる。

第 2 章
STACK 概観

　STACK はどのような機能を持っているのかを概観するために，日本語版 STACK コミュニティサイト（Ja STACK.org）から，STACK を利用して作成した Moodle の小テストに取り組んでみよう。また，成績集計が行われる様子もあわせて確認してみよう。

2.1　小テストの受験

　コミュニティサイト http://ja-stack.org/（図 2.1 参照）にアクセスし，「STACK デモコース（demo course）」に入る。

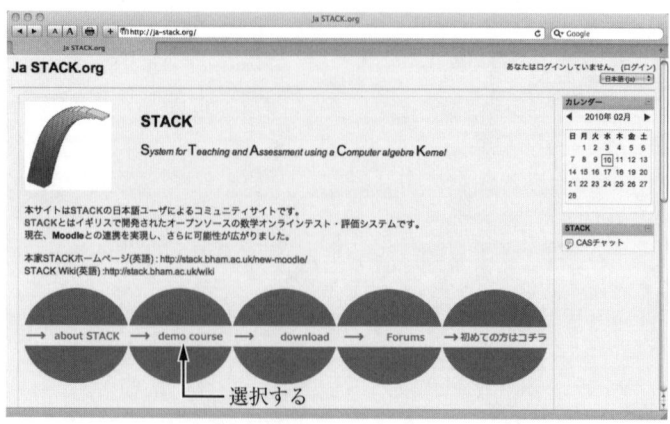

図 2.1　日本語版 STACK コミュニティサイト

「STACK 小テストデモ」を選択し（図 2.2 参照），「問題を受験する」をクリックすると小テストの受験が開始される。コミュニティサイトでは，ゲストのまま受験できるようになっている。

図 2.2　STACK デモコース画面

2.1.1　第 1 問

図 2.3 が，4 問出題される中の最初の問題である。STACK では 1 ページに 1 題の問題のみ扱うことができるので，1 から 4 までのページがあることがわかる。第 1 問は微分

$$\frac{d}{dx}(x-2)^4$$

を計算する問題である。$4(x-2)^3$ を解答として送るため，入力ボックスに `4*(x-2)^3` を入力し，「すべてを送信する」をクリックする。なお，入力ボックスには数式処理ソフトウェア Maxima の入力書式に従わなければならないが，数式の入力方法詳細については第 3 章を参照のこと。

解答が入力され，「すべてを送信する」がクリックされた後，入力した解答にエラー

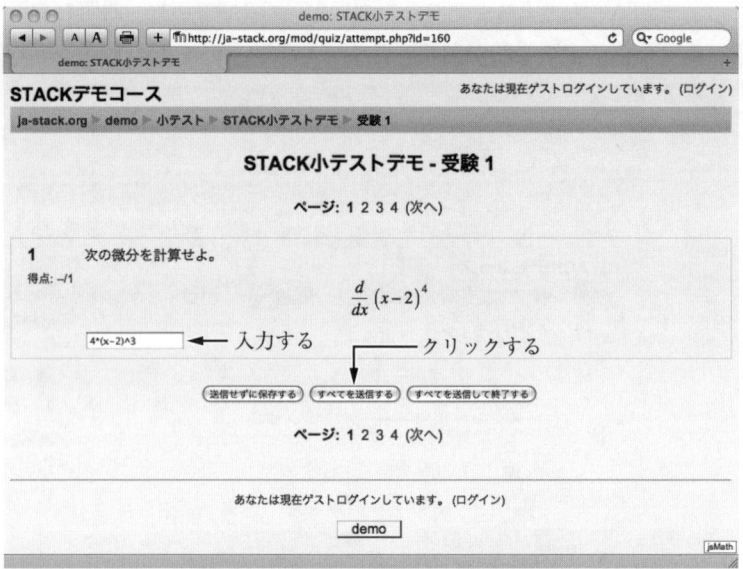

図 2.3　第 1 問とその解答入力画面

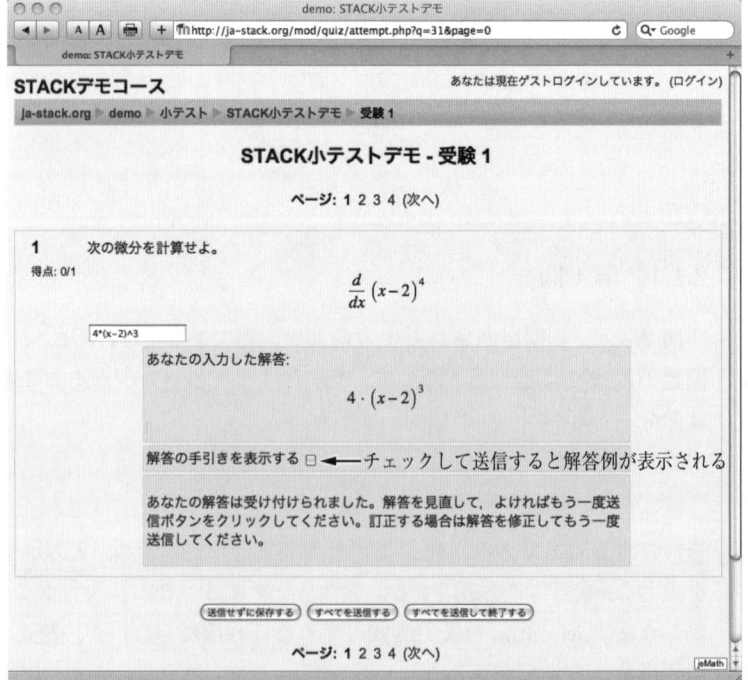

図 2.4　入力した解答の確認画面

がないか，また意図した数式となっているかを確認するための画面が現れる（図 2.4 参照）。もし，解答を修正したい場合は再度入力ボックスに解答を入力し，あらためて「すべてを送信する」をクリックし，再度確認を行うことができる。ただし，「解答の手引きを表示する」右横のチェックボックスをチェックして「すべてを送信する」をクリックすると，解答例が表示され，解答を入力できなくなるので注意すること。

入力内容の確認の後，「すべてを送信する」をクリックすると，次画面で正誤評価が行われる。図 2.5 は正答の場合の STACK からのフィードバックである。「よくできました。正解です！」というフィードバックが返され，1 点が与えられていることがわかる。

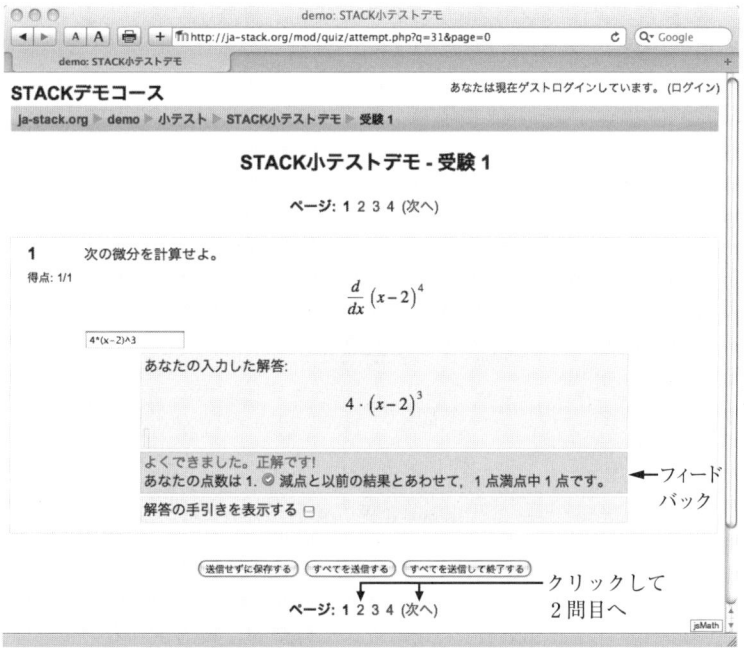

図 2.5　正答に対するフィードバック

2.1.2 第2問

次に，ページ番号の2か，「次へ」をクリックして，2問目に移る。第2問は微分

$$\frac{d}{dx}\left(\frac{1}{x^2+1}\right)$$

を計算する問題である。第1問と同じく微分の問題であるが，この問題では解答を数式で入力するのではなく，Dragmathエディタと呼ばれるグラフィカルユーザインターフェースを用いた入力支援ツールを用いて解答を行うものである。数式をMaximaの入力書式に従って入力することに不慣れな学生が多い場合には有効であろう。

初めてアクセスしたときに，図2.6のような，Dragmathエディタを利用するための確認ダイアログ（Javaのセキュリティ警告）が表示されるが，「許可」をクリックして続行する。

図 2.6　Dragmathエディタ利用の確認

図2.7のように，Dragmathエディタにより解答を入力したら「編集終了」をクリックする（Dragmathエディタの利用方法については，3.4節を参照のこと）。すると，Dragmathエディタが閉じ，Dragmathエディタで作成された数式が変換されて，入力ボックスにMaxima形式の数式が自動的に入力されるので「すべてを送信する」をクリックする（図2.8参照）。なお，Dragmathエディタがうまく使えない場合は，「編集終了」をクリックした後，入力ボックスにMaxima形式で解答を入力することもできる。図2.9は正答である場合の例である。

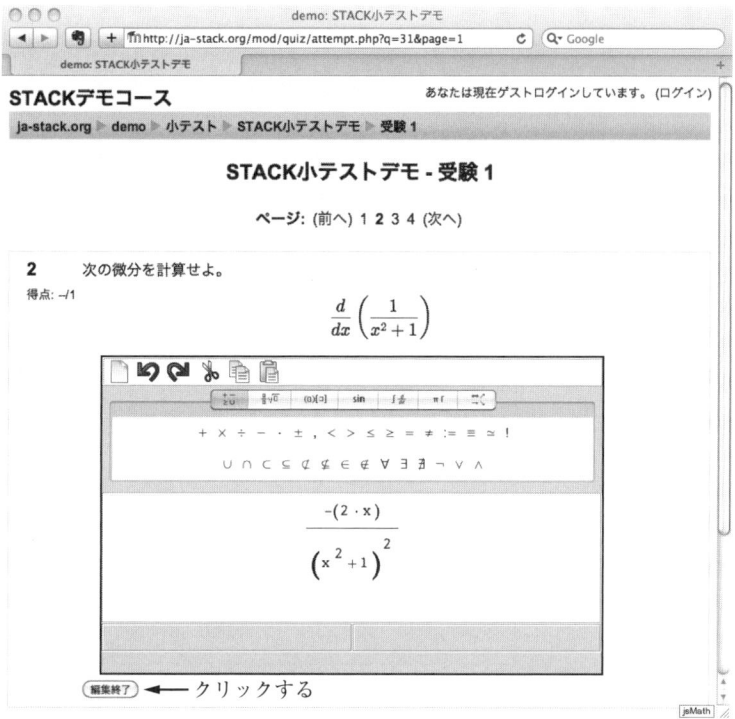

図 2.7　Dragmath エディタによる解答入力

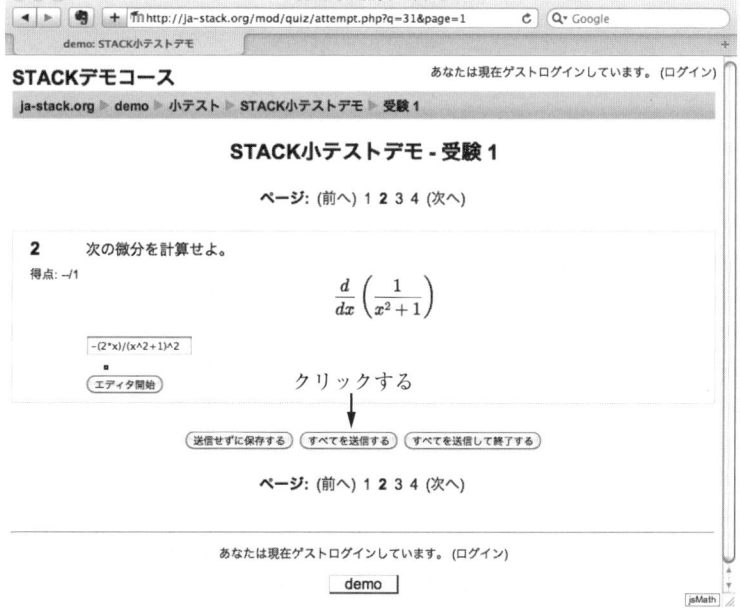

図 2.8　Dragmath エディタから数式への変換

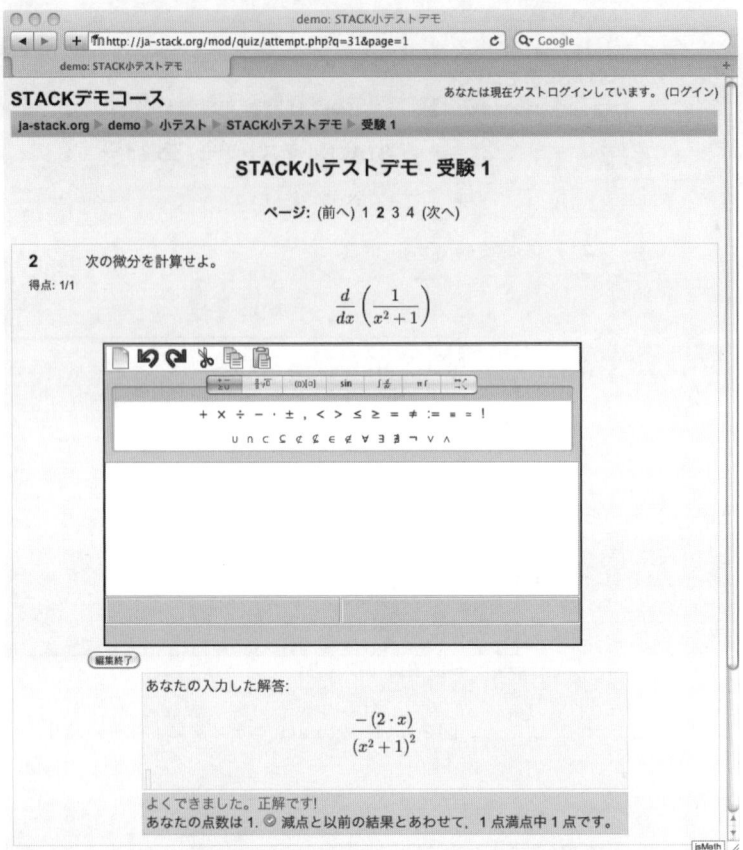

図 2.9 正答に対するフィードバック

2.1.3 第3問

次に，ページ番号の3か，「次へ」をクリックして，3問目に移る．第3問は積分

$$\int (2x^2+4x+1)dx$$

を計算する問題である（図 2.10 参照）．第1問と同様に解答を入力して，「すべてを送信する」をクリックする．

入力内容の確認の後，「すべてを送信する」をクリックすると，$\frac{2}{3}x^3+2x^2+x$ は積分定数がないため，部分的に正解で，部分点として 0.5 点が与えられている（図 2.11 参照）．STACK ではこのように，正答か誤答かの単純な判定だけではなく，学生の解

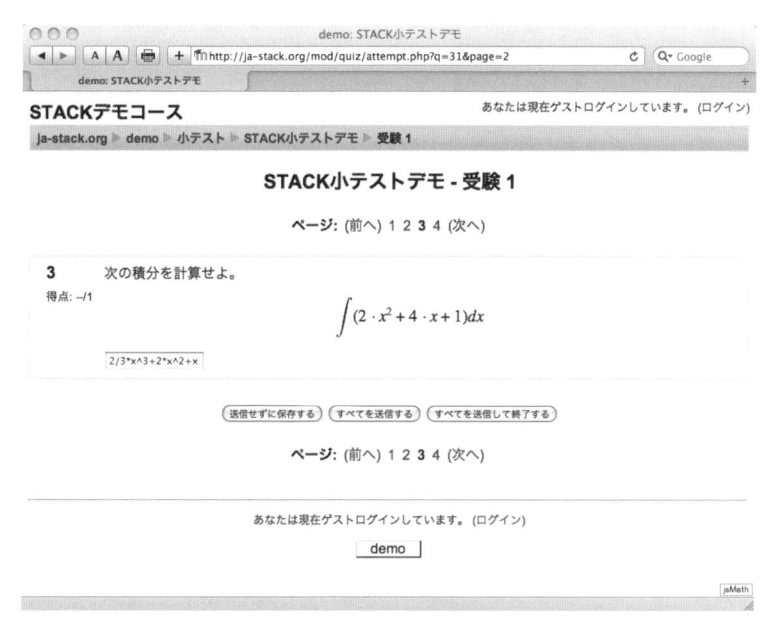

図 2.10　第 3 問とその解答入力画面

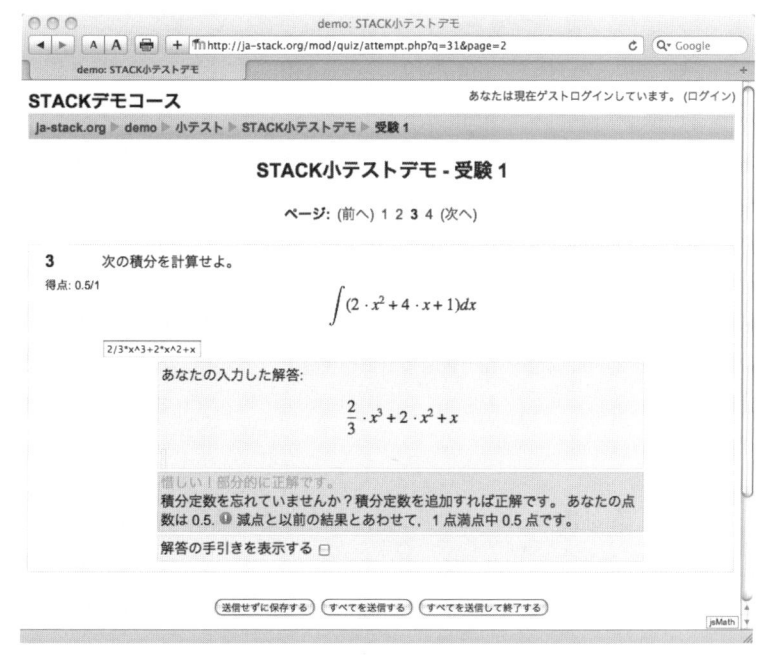

図 2.11　学生の解答に応じた部分点の加点

答に応じて部分点を与えることができるように設定可能である．この設定は，問題を適切に設計することで可能となるが，これは 5.4 節で詳しく紹介する．

もう一度，積分定数として C を加えて解答を作成し，「すべてを送信する」をクリックし，確認画面の後，図 2.12 のように正答が得られたことがわかる．ここで注目してほしいのは，点数として 0.9 点が与えられていることである．これは，2 度目の解答で正答に達したからであり，一度間違うか部分点しか与えられないと，その都度 0.1 点ずつペナルティとして減点されていく．何点を減点するかは問題作成のときに設定することが可能である．

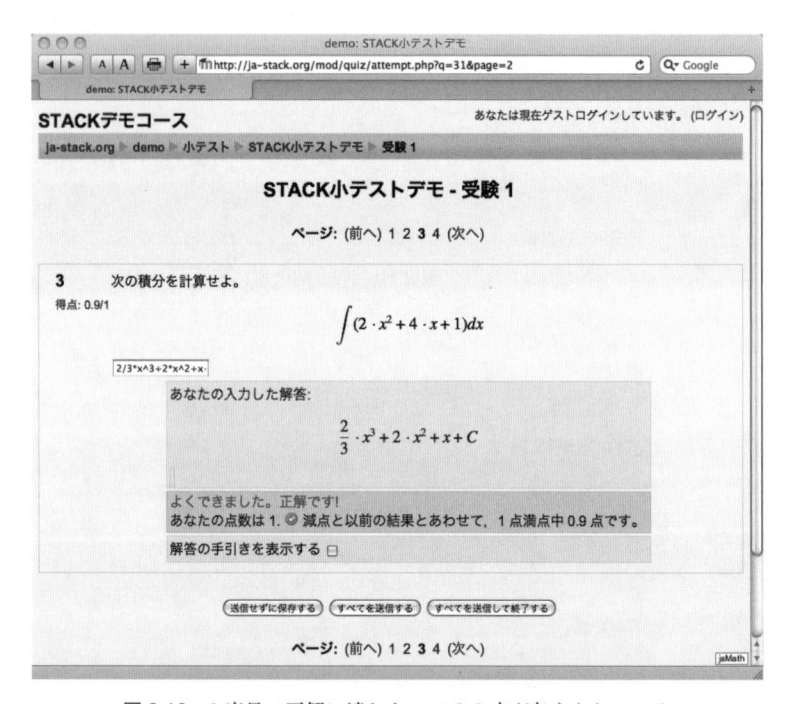

図 2.12　2 度目で正解に達したので 0.9 点が与えられている

2.1.4　第 4 問

次に，第 4 問の微分方程式

$$\frac{d}{dx}y(x) + 2y(x) = e^x$$

の一般解を求める問題に移ろう．図 2.13 は，まず解答として $y(x)=Ce^{-2x}$ を入力した場合である．

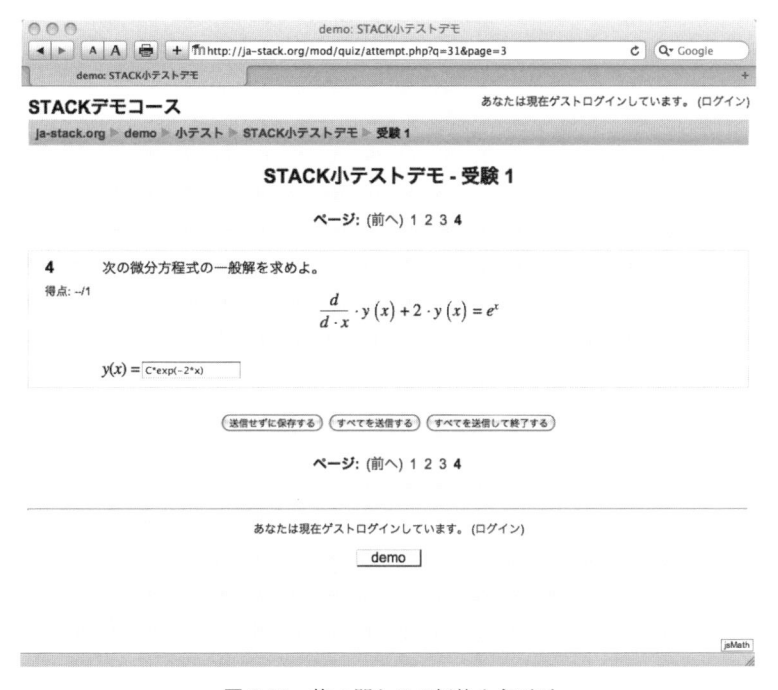

図 2.13　第 4 問とその解答入力画面

　図 2.14 では $y(x)=Ce^{-2x}$ は誤答であること，また，単に誤答であるというだけでなく，微分方程式に代入した場合左辺が 0 となり，右辺と等しくならない，つまり解答 $y(x)=Ce^{-2x}$ が微分方程式を満たしていないことを示している．
　もしこれ以上解答することができないとあきらめた場合，「解答の手引きを表示する」の右のチェックボックスをチェックして「すべてを送信する」をクリックすると，図 2.15 のように入力書式とともに正解が表示され，さらに解答の手引きが示される（図 2.16 参照）．ただし，もはや解答を入力することはできない．なお，解答の手引きは問題を作成するときに設定可能であり，必ずしも用意する必要はない．解答の手引きが用意されていない場合は，「解答の手引きを表示する」という表示とチェックボックスは現れない．
　問題への取り組みが終了したら，「すべてを送信して終了する」をクリックすると，小テスト終了の確認ダイアログが現れ（図 2.17 参照），「OK」をクリックした後，

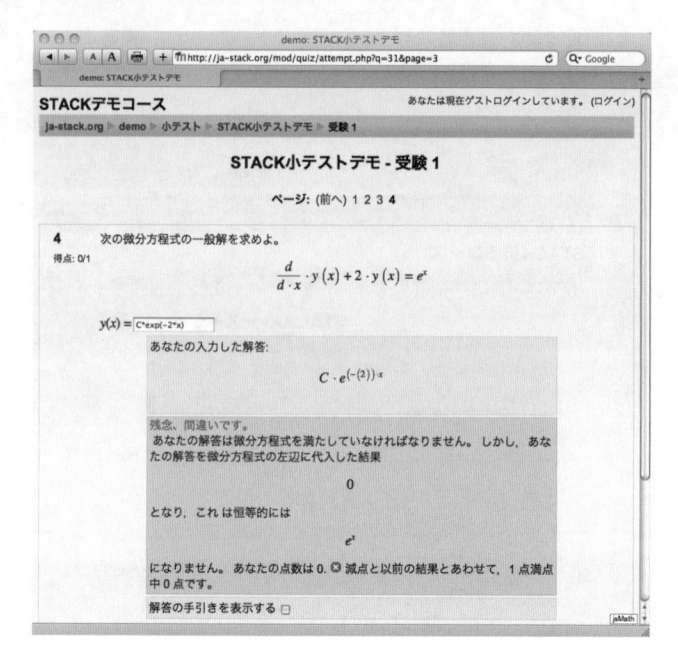

図 2.14　誤答であることとその理由の表示

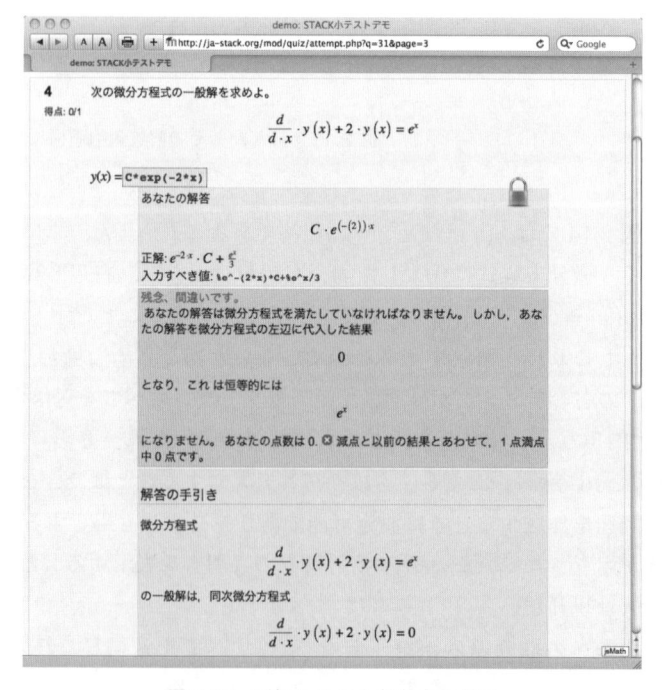

図 2.15　正解とその入力書式の表示

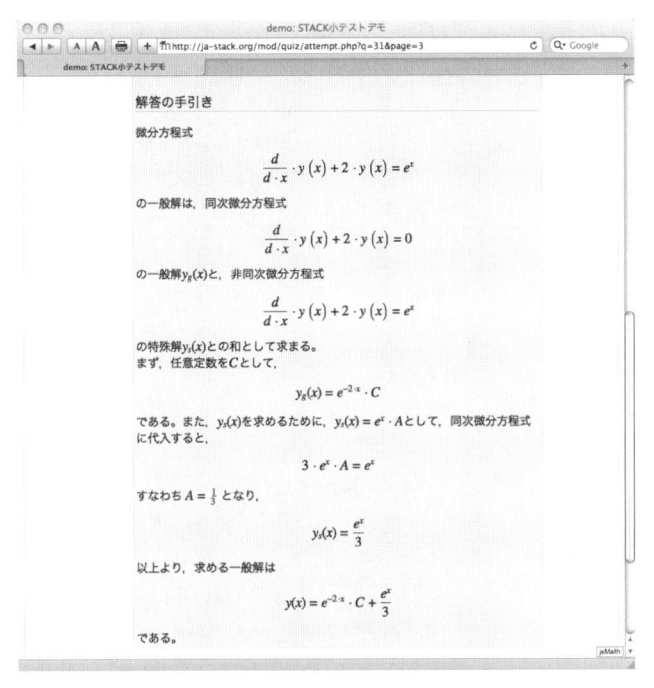

図 2.16　解答の手引きの表示

図 2.17　小テスト終了の確認ダイアログ

レビューが表示される（図 2.18 参照）。レビュー画面では，小テストの受験を開始した日時と完了した日時，解答に要した時間，得点，10 点満点[*1]に換算した評点が自動的に計算され表示される。また，各問題ごとに解答履歴も表示され，学生は自らの受験結果をふりかえることが可能となる。

---

*1　満点の値は Moodle の小テストの設定に依存する。

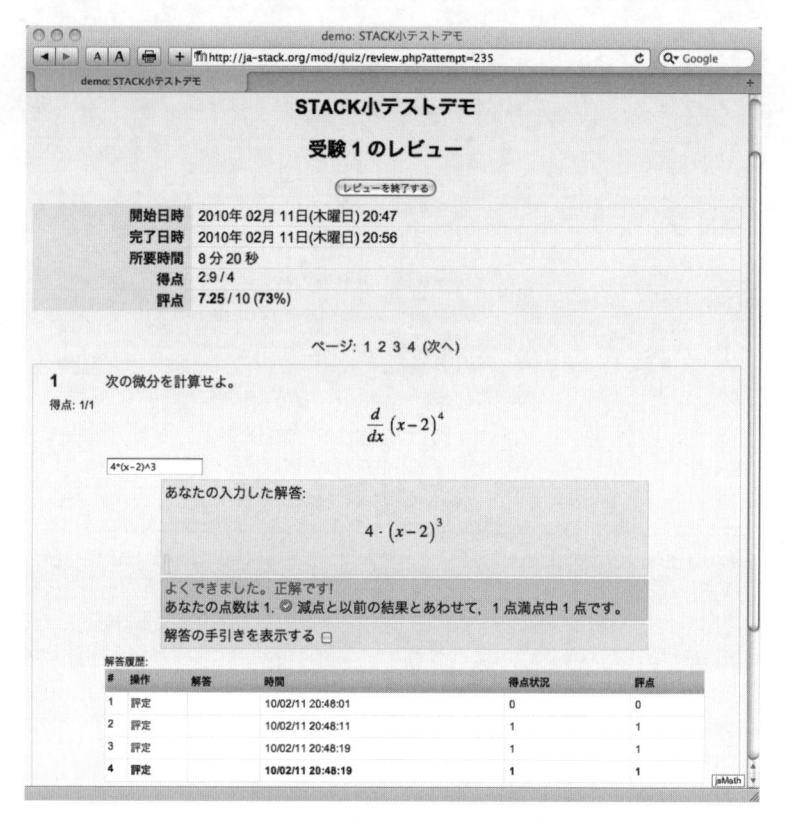

図 2.18 受験結果のレビュー表示

2.2　受験結果の表示

　前節は学生の立場から，STACK で作成された問題を含む小テストの受験の様子を概観した．次に，教師の立場から，受験結果を表示し学生の解答の様子を確認する場面を紹介しよう．

　図 2.19 は筆者の担当する授業[*2]において，練習問題として微分方程式を解く問題を課し，その受験結果を示したものである．この受験結果は STACK 独自のものではなく，Moodle の機能として提供されているものである．この一覧を見ると，各学生の解答所要時間がわかるとともに，個々の問題の得点状況も把握できる．

　図 2.20〜図 2.22 は，ある学生が，微分方程式

[*2] 名古屋大学情報文化学部「物質情報学 2」

図 2.19　受験結果一覧表示

$$\frac{d}{dx}y(x)+2y(x)=0$$

を解答していった履歴を示したものである．最初は解答を $y(x)=e^{2x}$ と計算間違いをし（図 2.20 の #2），次には任意定数を忘れ（図 2.21 の #4），最終的に正答に至っている（図 2.22 の #6）ことがわかる．このように履歴を確認することで学生がどこでつまずいているかを知ることができ，講義計画に反映することもできるだろう．

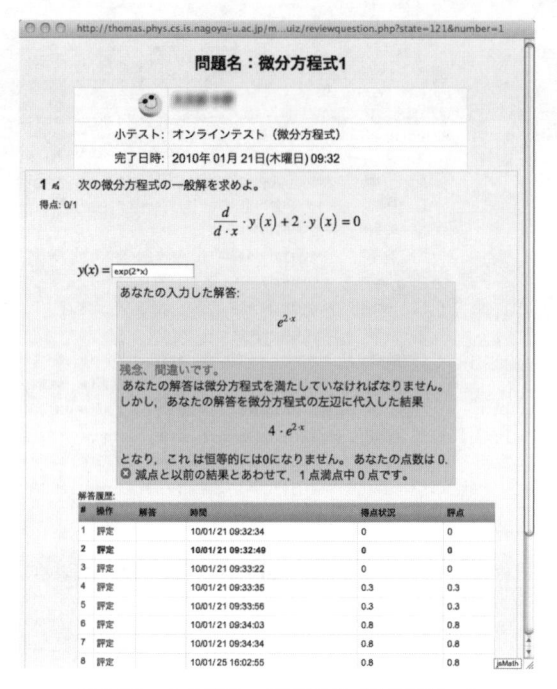

図 2.20　ある学生の解答履歴（計算間違い）

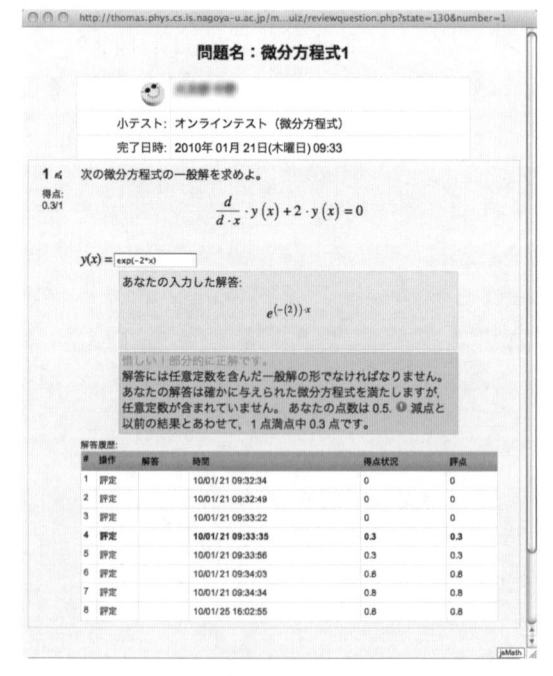

図 2.21　ある学生の解答履歴（積分定数の付け忘れ）

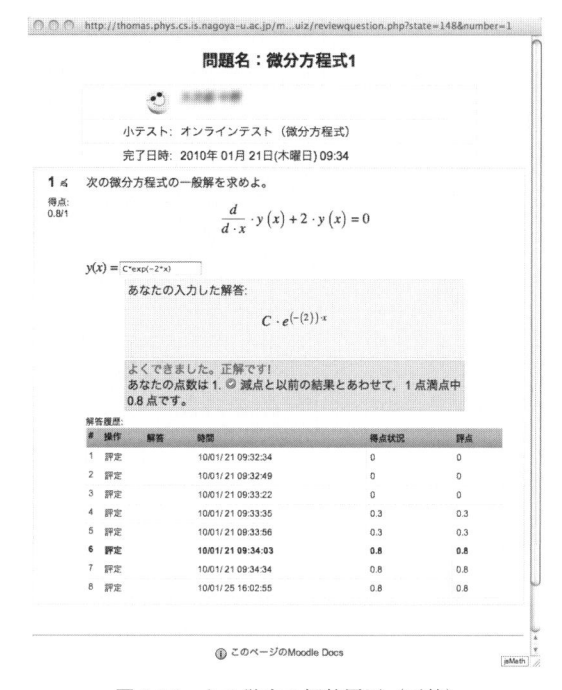

図 2.22　ある学生の解答履歴（正答）

第 3 章

STACK での数式入力

STACK では通常，解答として数値だけでなく数式を入力する必要がある．ここでは，解答を入力する学生の立場から，どのように数式を入力するのかについて説明する．

まず，STACK では Maxima（付録 A 参照）が CAS として採用されているので，数式の入力も基本的には Maxima の数式入力書式に従って行われなければならない．しかし，基本的な数式入力方法は C, Java, Basic などのプログラミング言語，また表計算プログラムで使われている文法（入力方法）と同様な部分も多い（例えば，乗算は*，除算は/ など）．以下に，基本的な入力方法を紹介する．

3.1 基本

3.1.1 数値

1つのまとまりの数値には，数と数の間に空白があってはならない．また，小数ではなくできるだけ分数を使用することが推奨されている．例えば，4 分の 1 を入力するには，0.25 ではなく 1/4 と入力する．それ以外にも，以下のような注意点がある．

- 円周率 π は pi あるいは %pi[*1]。
- 自然対数の底 e は e あるいは %e。
- 虚数単位 i は i あるいは %i。工学分野では虚数単位として j を用いる場合があるので，j と入力しても STACK はそれを虚数単位と認識する．どちらで入力

[*1] %pi や %e は Maxima の表記で，それぞれ円周率 π，自然対数の底 e を表すが，STACK では pi, e もそれぞれ円周率 π，自然対数の底 e とみなすことができるようにされている．

するかについては教師に確認すること。あるいは，sqrt(-1)，(-1)^(1/2) のように入力してもよい。ただし，後者では括弧を適切に使用しなければならないことに注意すること。

3.1.2 乗算

乗算の場合はアスタリスク（*）を使わなければならない。これを忘れることが，最も典型的なエラーの原因となる。

- $3x$ は 3*x と入力する。
- $x(ax+1)(x-1)$ は x*(a*x+1)*(x-1) と入力する。

2x や (x+1)(x-1) など，それぞれ 2*x，(x+1)*(x-1) であることが明らかである場合は，STACK は*を補って 2*x や (x+1)*(x-1) と訂正しようとする。しかし，この処理が常に正常に働くとは限らない。例えば，f(x+1) は関数の表示なのか，f*(x+1) なのかは決定できないからである。

3.1.3 べき乗

べき乗を表す場合はキャレット（^）を使用する。例えば，x^2 は x^2 と入力する。ただし，負の指数，分数の指数などは括弧を忘れないこと。

- x^{-2} は x^(-2)
- $x^{1/3}$ は x^(1/3)

3.1.4 括弧

数式のまとまりを示すために，括弧は大変重要である。STACK では「1次元」の入力方式であるので，特に重要になってくる。例えば，$\frac{a+b}{c+d}$ を表現する場合は，(a+b)/(c+d) と入力しなければならない。この場合，丸括弧 ( ) を使わなければならず，角括弧 [ ] や波括弧 { } を使ってはならない。なお，a+b/(c+d) と入力すると $a+\frac{b}{c+d}$，(a+b)/c+d と入力すると $\frac{a+b}{c}+d$，a+b/c+d と入力すると $a+\frac{b}{c}+d$ を意味するので，注意すること。

3.2 関数

3.2.1 基本

sin, cos, tan, exp, log などの基本的な関数はそのまま入力すればよい。しかし，関数の引数部分は必ず丸括弧で囲まなければならない。例：sin(x), log(x) など。

3.2.2 対数関数

自然対数を底とする対数関数は log(x) あるいは ln(x) と入力する[*2]。任意の底の対数関数は公式 $\log_a b = \frac{\log_e b}{\log_e a}$ を利用して，log(b)/log(a) あるいは，ln(b)/ln(a) とすればよい。

3.2.3 指数関数

e^x は exp(x) と入力しなければならない。STACK では e^x あるいは%e^x と入力しても e^x と認識されるが，後々，混乱の原因にもなるので，exp(x) と入力すべきである。

3.2.4 絶対値

通常 $|x|$ で表示される x の絶対値は，abs(x) と入力しなければならない。

3.2.5 三角関数

STACK では角度の単位として度（degree）ではなく，ラジアン（radian）を使用するので注意すること。以下は三角関数を用いる場合の一般的な注意である。

- $\sin^2 x$ は sin(x)^2 と入力する（sin^2(x) ではない）。cos, tan についても同様である。
- $\frac{1}{\sin x}$ は csc(x) と入力することで得られる。あるいは，もちろん 1/sin(x) と入力してもよい。ただし，cosec(x) ではないことに注意すること。

[*2] ln(x) は STACK で定義された関数で，Maxima では，ln(x) は利用できないので注意すること。

- $\sin^{-1} x$ は通常 $\sin y = x$ を満たす y のことであり，$(\sin x)^{-1} = \frac{1}{\sin x}$ とは全く異なる．STACK や多くの CAS では，$\sin^{-1} x$ を表すために `asin(x)` と入力する．同様に，$\cos^{-1} x$ は `acos(x)`，$\tan^{-1} x$ は `atan(x)` などである．

3.3 行列

行列の入力はやや面倒である．行列の要素を入力するボックスの並びが表示されていたり，教師から行列を入力するための文法が示されたりするかもしれない．もしそうでなければ，Maxima の行列入力書式に従って入力しなければならない．行列 $\begin{pmatrix} 1 & 2 & 3 \\ 4 & 5 & 6 \\ 7 & 8 & 9 \end{pmatrix}$ を入力するには，`matrix([1,2,3],[4,5,6],[7,8,9])` と入力すればよい．つまり，各行は要素数が等しいリスト形式で入力し，それらを matrix 関数の引数に列挙する形式である．また，Maxima をコマンドラインから利用する場合に必要な行末のセミコロン（;）はこの場合不要である．

3.3.1 その他

- ギリシャ文字は英語名で入力する．例えば，$\alpha + \beta$ は `alpha+beta`，2π は `2*pi` である．
- 集合 $\{1, 2, 3\}$ を入力する場合，Maxima では `set(1, 2, 3)` としなければならないが，STACK では波括弧を使って`{1, 2, 3}`と入力するだけでよい．
- リストは角括弧を使って入力する．例えば，1, 2, 2, 3 というリストを入力する場合には `[1, 2, 2, 3]` とすればよい．
- 方程式は等号（=）を使って入力する．等号は CAS やプログラミング言語ではよく変数への代入として使われるが，STACK では等式を意味する．例えば，2 次方程式は `y=x^2-2*x+1` などとなる．
- 不等式は，`<`，`>`，`<=`，`>=`を用いて入力する．注意しなければならないのは，`<=`，`>=`では不等号と等号の間に空白が入ってはならないこと，等号はかならず不等号`<`，`>`の後に来なければならないことである．

3.4　Dragmath エディタ

以上はテキスト形式による数式の入力方法について説明したが，Maxima の入力書式によって，複雑な数式入力を行う場合，タイプミスなどの誤りを犯しやすい．例えば，

$$\frac{d}{dx}\frac{1}{1+\cos(x^2)}$$

の計算結果

$$\frac{2x\sin(x^2)}{(1+\cos(x^2))^2}$$

を入力する場合，テキスト形式では

2*x*sin(x^2)/(1+cos(x^2))^2

と入力することになる。このような複雑な数式入力を支援するための Dragmath エディタと呼ばれる，グラフィカルユーザインターフェースが STACK には用意されいる．Dragmath エディタでは，数値，変数の入力はキーボードから行うが，それ以外の分数，指数表示，演算記号などはマウスによるドラッグ＆ドロップで数式を構成していくことができ，入力の誤りを軽減することができる．実際に数式 $\frac{2x\sin(x^2)}{(1+\cos(x^2))^2}$ を Dragmath エディタで入力する手順を紹介しよう．

1. 分数を入力するので，分数，べき乗，行列などを入力するタブを選択し，分数，指数，行列のアイコンが示された領域（この部分をこれ以降，ツールパレットと呼ぶことにする）から分数のアイコンをクリックすると，中央の数式表示部分に分数を入力するための枠が表示される（図 3.1）。

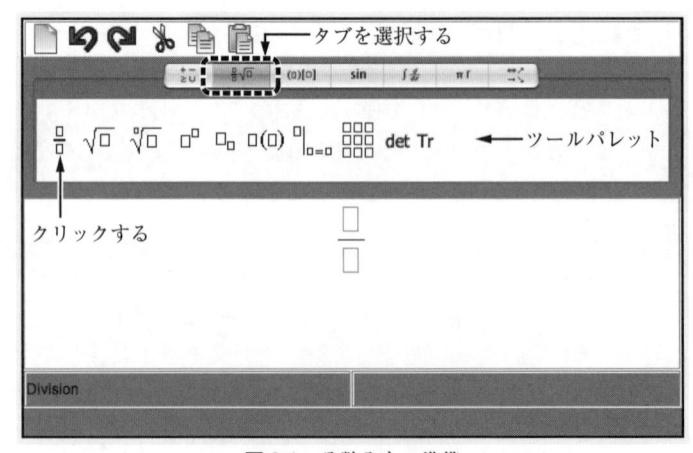

図 3.1　分数入力の準備

2. 続いて，分母の式を入力する。括弧を入力するタブを選択し，ツールパレットから，丸括弧を分母の部分にドラッグ＆ドロップすると，数式表示部分に括弧が表示される（図 3.2）。

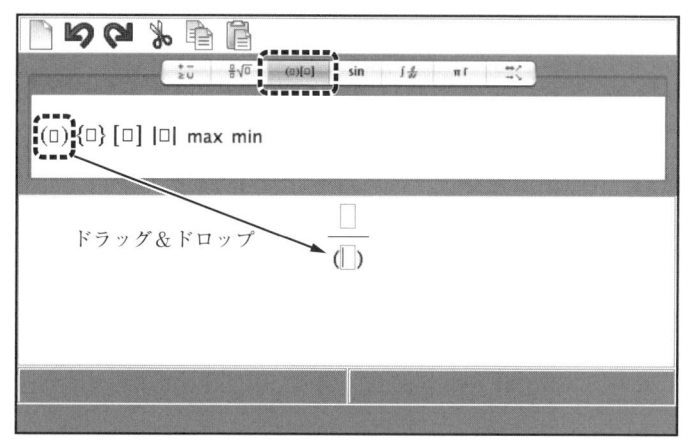

図 3.2 括弧の入力

3. 分母の丸括弧の中の枠にキーボードから数字の 1 を入力する。このように，数値と変数としてのアルファベットはキーボードから入力する。そして，演算子などを入力するタブを選択し，ツールパレットから「＋」を分母の 1 のすぐ右にドラッグ＆ドロップする。すると，「＋」の右に自動的に新たな入力枠が作成される（図 3.3）。

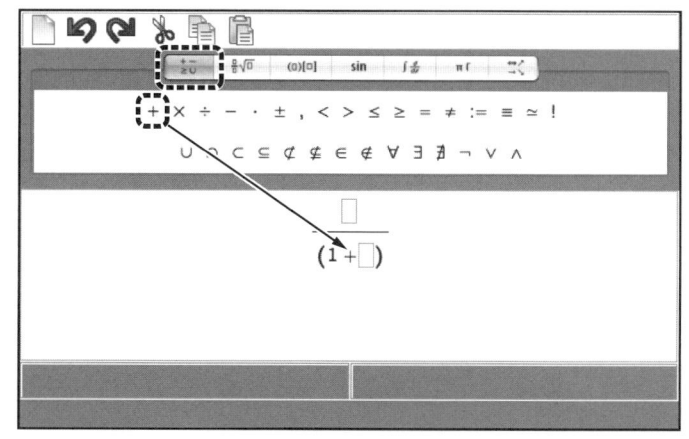

図 3.3 数値と「＋」の入力

4. 次に三角関数などを入力するためのタブを選択し，ツールパレットから「cos」を分母の入力枠の中にドラッグ＆ドロップする。これにより，cos の引数部分に自動的に新たな入力枠が作成される（図 3.4）。

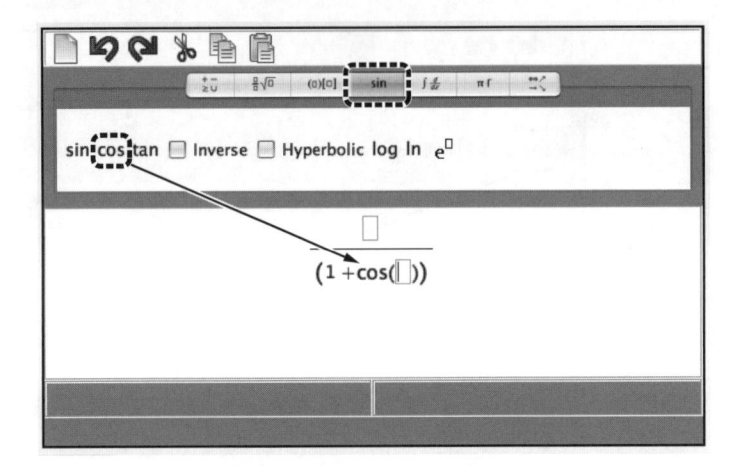

図 3.4　cos の入力

5. 分母の cos の引数 x^2 を入力するために，分数，べき乗，行列などを入力するタブを選択し，ツールパレットからべき乗のアイコンを cos の引数内の入力枠にドラッグ＆ドロップする。こうして，べき乗を入力するための 2 つの入力枠が作成される（図 3.5）。

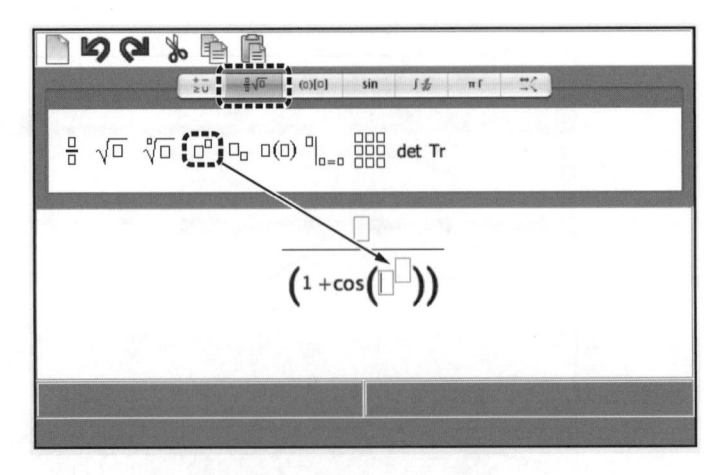

図 3.5　べき乗の入力の準備

6. べき乗入力のための 2 つの入力枠の，底の部分に x，指数の部分に 2 をキーボードから入力する（図 3.6）。

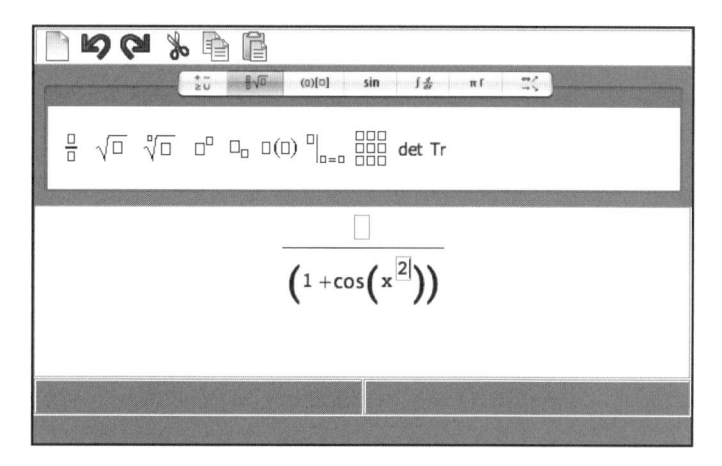

図 3.6　べき乗の入力

7. 分母の全体を 2 乗とするため，分母の外側の丸括弧の右上にツールパレットのべき乗のアイコンをドラッグ＆ドロップする。すると，指数部分のみ入力するための入力枠が表示される（図 3.7）。

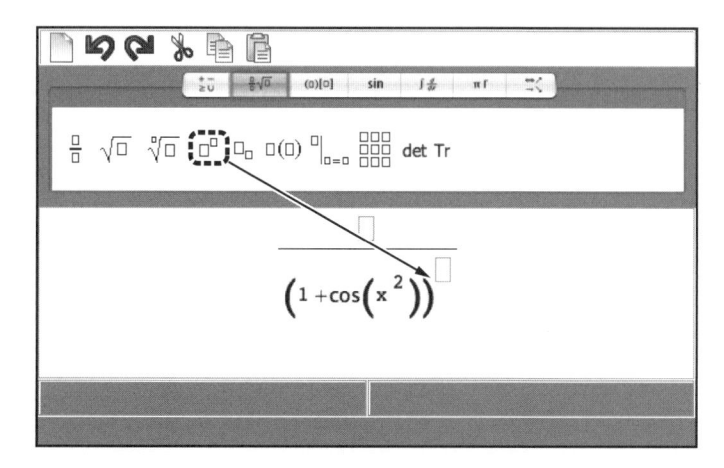

図 3.7　指数の入力準備

8. 前の操作で作成された入力枠にキーボードから 2 を入力する（図 3.8）。

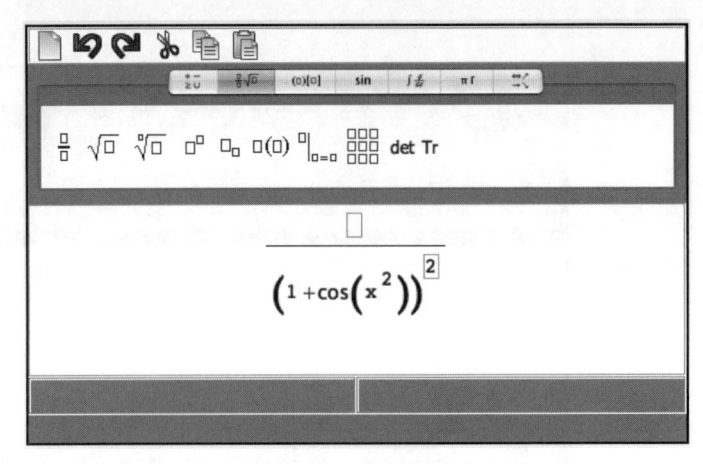

図 3.8 指数の入力

9. 次に分子の入力に移る。分子の入力枠にキーボードから 2 を入力する（図 3.9）。

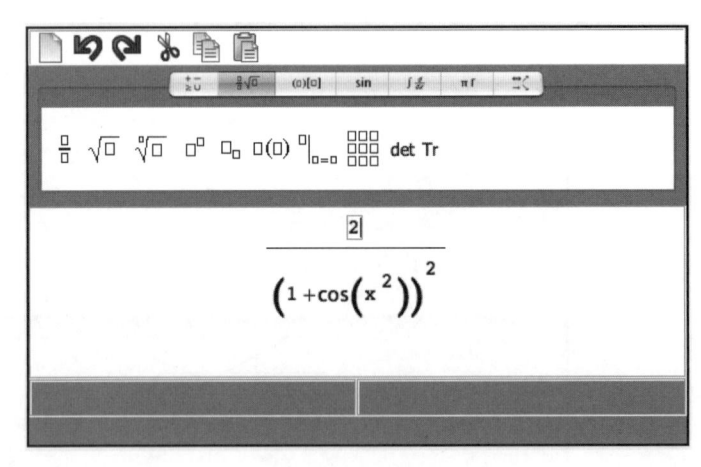

図 3.9 分子の入力

10. 次に先程入力した分子の 2 に x を掛けるため，演算子などを入力するタブを選択し，ツールパレットから「×」あるいは「·」を分子の 2 のすぐ右にドラッグ & ドロップする。図 3.10 では「·」をドラッグ & ドロップした場合を示してい

る．自動的に乗算演算子「·」の右に新たな入力枠が作成される（図 3.10）．

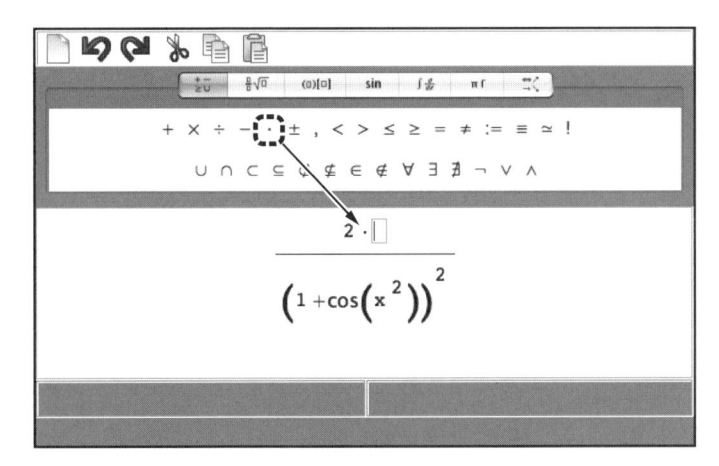

図 3.10　乗算の入力

11. キーボードから x を入力し，前操作と同様に乗算演算子を x のすぐ右にドラッグ＆ドロップする（図 3.11）．

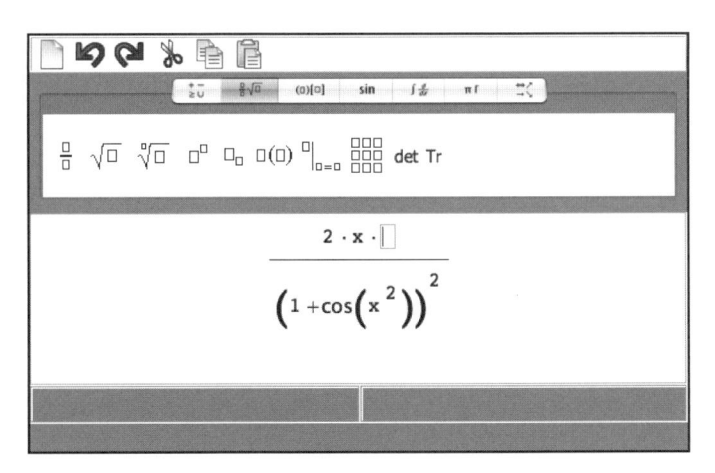

図 3.11　分子の入力の続き

12. 分母で $\cos(x^2)$ を作成したのと同様に，分子に $\sin(x^2)$ を作成し，数式を完成させる（図 3.12）．

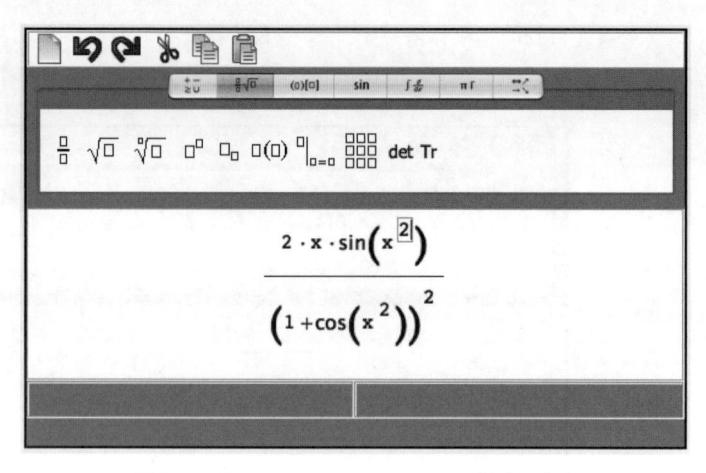

図 3.12　Dragmath エディタによる数式の完成

第 4 章

STACK で問題を作成する：基礎編

　STACK を利用するうえで最も重要な作業は，問題を作成することである．STACK には，問題を作成するための様々な機能があり，それらを駆使することにより，教育的効果が期待できる問題を作成することが可能となる．

　本章では，教師の立場からどのようにして STACK で問題を作成していくのかを，例を挙げながら説明していく．

4.1　準備

　本書では，STACK と Moodle とのよりシームレスな利用を可能にするために，直接 STACK にログインして問題を作成するのではなく，すべて Moodle から問題作成の作業を行うことを前提にして説明を行う．そのために，利用するコース上に「STACK」ブロックを追加しておくことが必要になるので，その作業を完了させておかなければならない．

　Moodle に教師のロール[*1]を持つユーザでログインし，編集モードに入り，ブロックの追加で「STACK」を選択する（図 4.1）．図 4.2 のような STACK ブロックが表示されることを確認しておくこと．以下の作業は，すべて教師のロールを持つユーザで行うこととする．

[*1] Moodle で用いられている役割（管理者，教師，学生，ゲストなど）のことであり，Moodle 内のリソース（コンテンツ，小テスト，成績表など）へのアクセス権限が異なる．

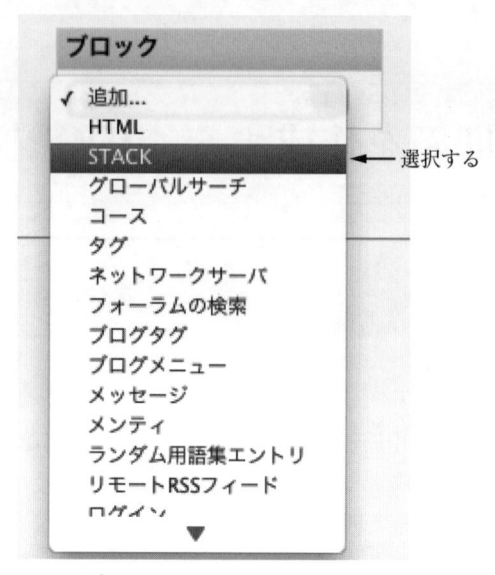

図 4.1　STACK ブロックの追加

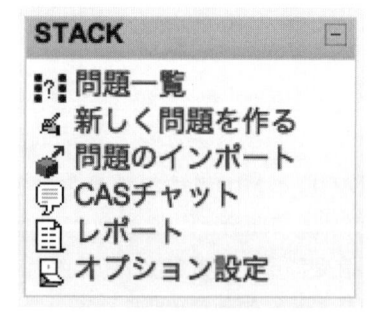

図 4.2　STACK ブロック

4.2　固定問題

　まず，次の例題を作成しよう。学生は入力ボックスに解答としての数式を入力し，学生の入力した解答と，教師の解答 $3(x-1)^2$ が代数的に等しいかどうかを判定するシンプルなものである。

> 次の微分を計算せよ。
> $$\frac{d}{dx}(x-1)^3$$
>
> ☐

4.2.1 問題文の作成

1. STACK ブロックから「新しく問題を作る」をクリックする。
2. 遷移した画面で図 4.3，表 4.1 のように入力する。最低限必要なのは，太字になっている「問題文」[*2]のところだけであり，この部分が実際に学生に表示される。ここでは「問題文」以外に，「問題名」，「説明」も入力している。なお，

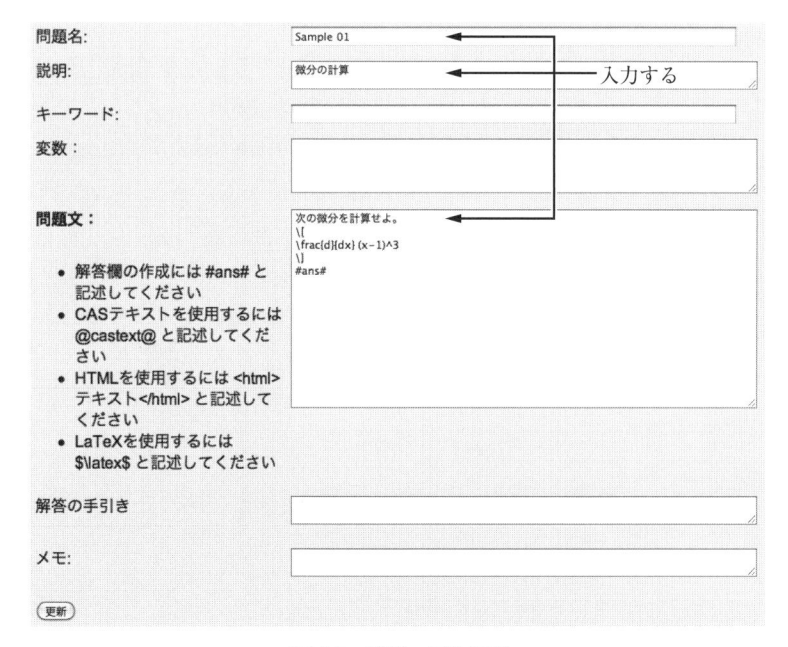

図 4.3 問題の編集画面

[*2] 問題文内の微分の記号について，"d" を変数 d ではなく，微分記号の d であることを明示するため，$\frac{d}{dx}$ の代わりに，$\frac{\mathrm{d}}{\mathrm{d}x}$ としてローマン体を用いるという流儀もあるが (\frac{\mathrm{d}}{\mathrm{d}x})，本書では，記述の煩雑さを避けるため，単純に\frac{d}{dx}を使用することにする。

表4.1 図4.3の入力内容

問題名	Sample 01
説明	微分の計算
問題文	次の微分を計算せよ。 \[　\frac{d}{dx}(x-1)^3 \] #ans#

　　「問題文」中の \（バックスラッシュ）は JIS キーボードでは ¥ により入力することもできる。ただし，Macintosh の JIS キーボード場合，option ＋ ¥ として入力する必要があるので，注意すること。

3. 「更新」ボタンをクリックする。問題文に誤りがないかチェックされ，もし誤りがあれば赤字で表示されるので，修正後，改めて「更新」ボタンをクリックする。

問題文は CAS テキストという形式で入力することができ，通常のテキストのほか，TeX や Maxima のコマンド，HTML タグも利用することができる。CAS テキストについて，また TeX や Maxima，HTML の基本的な入力方法については付録 D を参照のこと（Maxima については付録 A）。さらに，学生の入力した解答を格納するための変数として ans を定義するため，また解答欄を設けるため，#ans# は必ず指定しなければならない。この # と # で囲まれたものが，次に「解答欄の設定」で解説される「解答欄 ID」となる。また，「問題文」中で #ans# のように解答欄 ID が記述された位置に，学生が解答を入力するための入力ボックスが表示される。問題作成の詳細については，付録 B.1 節を参照のこと。

4.2.2　解答欄の設定

1. 表示された画面を下にスクロールし，「解答欄の設定」の部分に図 4.4，表 4.2 のように入力する。ここでは，「正答」に 3*(x-1)^2 と正解を入力し，「禁止ワード」に diff を指定している。それ以外はデフォルトのままとしている。「禁止ワード」に diff を指定しているのは，解答の中にも Maxima コマンドを利用することができるのであるが，diff((x-1)^3, x) [*3] という，正答を計算

[*3] diff は微分を計算する Maxima のコマンドで，diff(p, x) により，p を x で微分することを意味する。

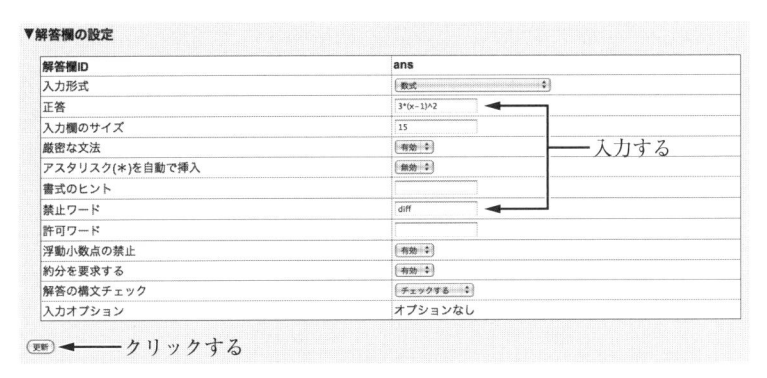

図 4.4 解答欄の設定

表 4.2 図 4.4 の入力内容

正答	3*(x-1)^2
入力欄のサイズ	15
禁止ワード	diff

させるような解答を許可しないためである。

2. 「更新」ボタンをクリックする。

以上で，問題の作成は完了した．次に，学生の解答が正解かどうかを判定するための処理を定義する．なお，「解答欄の設定」の各要素の詳細については，付録 B.2 節を参照のこと．

4.2.3 ポテンシャル・レスポンス・ツリーの設定

ポテンシャル・レスポンス・ツリーとは，想定される学生の解答（ポテンシャル・レスポンス）を処理するための機構で，STACK の重要な特徴の 1 つである．様々なポテンシャル・レスポンスを互いに関連づけてツリー（樹）状に整理し，様々な想定される学生の解答を処理（正誤評価，部分点の付与）することが可能となっている（詳細は付録 B.3 節参照のこと）．このポテンシャル・レスポンス・ツリーを適切に設定することにより，学生の解答が正解かどうかだけでなく，入力された解答に応じて様々な応答を返すことが可能となる．複雑な設定は少しずつ加えていくことにして，ここではまず，最低限必要となる，学生の解答の正誤評価のみ設定することにする．

1. 「追加するポテンシャル・レスポンス・ツリーの名前」のところに，ツリーを指定する名前を入力し，「＋」ボタンをクリックする。ここでは，「1」という名前とした（図 4.5 参照）。

図 4.5　ポテンシャル・レスポンス・ツリーの名前の設定

2. 「1」という名前のポテンシャル・レスポンス・ツリー設定領域が現れるので，図 4.6，表 4.3 のように入力する。必ず入力しなければならないのは評価対象

図 4.6　ポテンシャル・レスポンス・ツリーの設定

表4.3　図 4.6 の入力内容

評価対象	ans
評価基準	3*(x-1)^2

（評価の対象となるもので，通常は学生の入力したもの）と評価基準（評価の基準となるもの）フィールドである．評価対象と評価基準とをどのように比較するかは，評価関数を指定することにより定められ，STACK には様々な評価関数が用意されている．詳細は付録 C を参照のこと．

3. 「更新」ボタンをクリックする．

以上の設定により，このポテンシャル・レスポンス・ツリーでは，学生の解答を次のように処理することになる．評価関数フィールドは，代数等価（付録 C.2.3 項参照）が指定されているので，学生が入力したもの（`ans`）と正答である `3*(x-1)^2` ($3(x-1)^2$) とが代数的に等しいかどうかを評価する．もし `ans` と `3*(x-1)^2` が代数的に等しい場合，True の部分が実行され，そうでない場合は False の部分が実行される．True の場合，1 点が加点され，判定処理を停止する．False の場合 0 点となり，判定処理を停止する．それぞれ，「次のポテンシャル・レスポンス」が「-1」であることにより，判定処理が停止することになる．

4.2.4 問題の保存

以上で，問題の記述，学生の解答に対する判定処理の設定が完了し，1 つの問題の作成が終わる．同じページの最下部近くにある「保存」ボタンをクリックし，問題の保存を行う．

4.2.5 問題の確認

作成された問題が期待どおりに動作するかを次のようにして確認してみよう．

1. 以上の問題作成の一連の設定に問題がなければ，ページが更新され，上部に「プレビュー」と表示されるので，そのリンクをクリックする．もしエラーが生じた場合には，修正し改めて「保存」ボタンをクリックする．
2. 実際に学生に提示される問題が表示されるので，入力ボックス内に解答として `3*(x-1)^2` と入力し，「送信」ボタンをクリックする（図 4.7 参照）．
3. まず，入力した解答 `3*(x-1)^2` がどのように数式として解釈されているかが次の画面で表示される（図 4.8）．もし，入力した解答の文法に誤りがある場合，例えば `3*(x-1)^` と入力した場合は，図 4.9 のように文法の間違いが指摘される．また，解答欄の設定で，`diff` は使用禁止としたので，もし解答に `diff((x-1)^3)` のように `diff` を使用すると，図 4.10 のように，`diff` が禁止

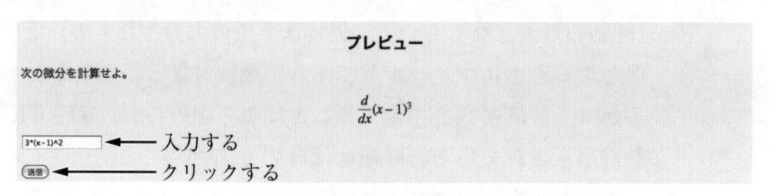

図 4.7　問題と解答の様子

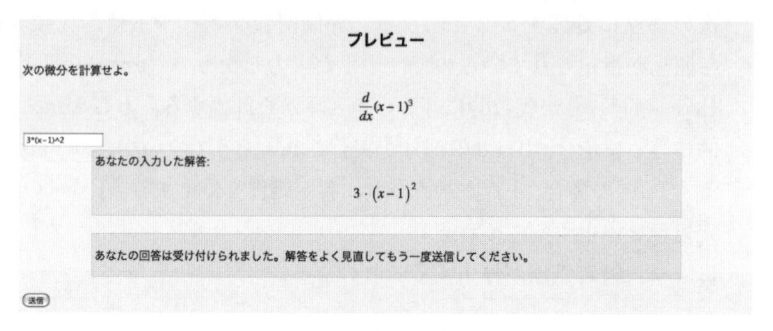

図 4.8　解答の確認

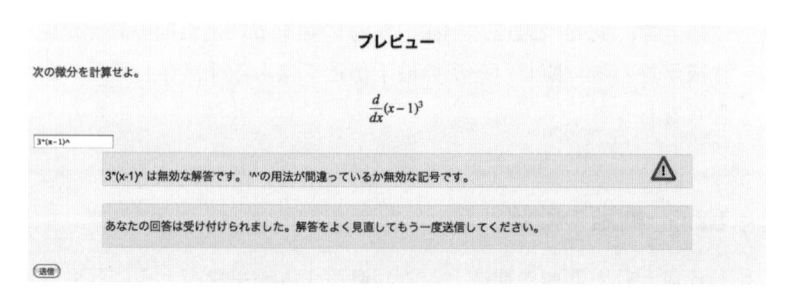

図 4.9　解答の入力にエラーがある場合

ワードであるとの警告が表示される。
4. 入力した内容が意図した数式であることを確認して，再び「送信」ボタンをクリックすると，正答の場合は図 4.11 のように表示され，誤答の場合は図 4.12 のように表示される。なお，正答の場合の「正解です！よくできました。」，誤答の場合の「残念！間違いです。」というフィードバックはデフォルトのもので，変更することも可能である。詳細は付録 B.4 節を参照のこと。

図 4.10 禁止ワードを使用した場合の警告

図 4.11 正答の場合のフィードバック

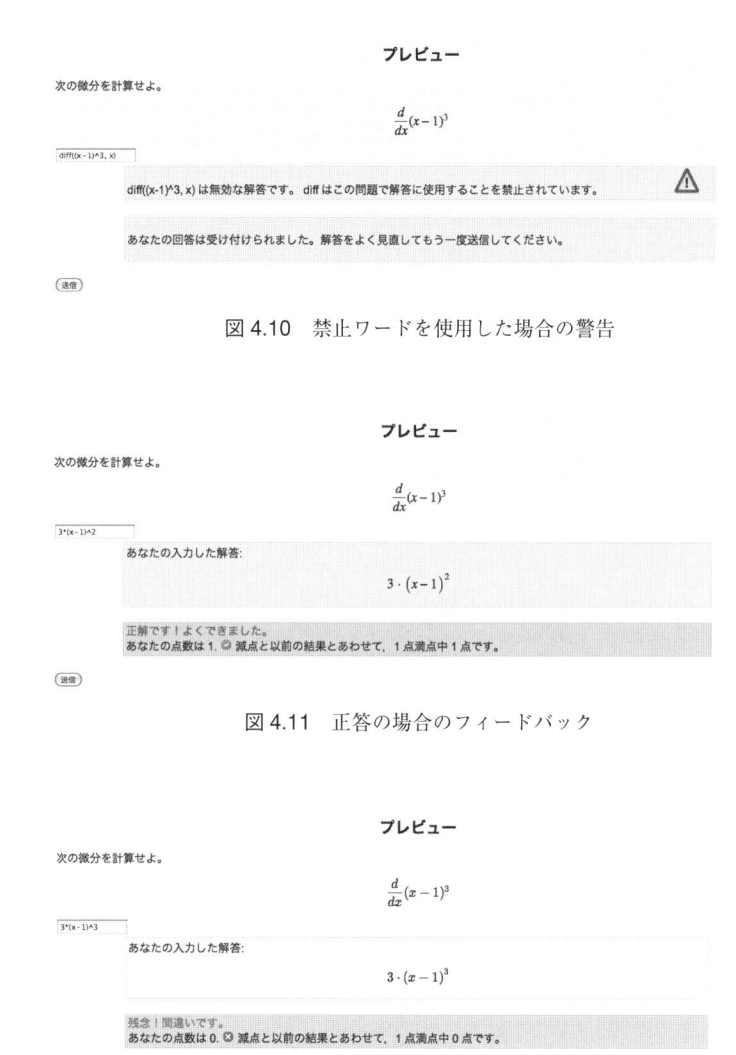

図 4.12 誤答の場合のフィードバック

4.3　ランダム問題

　Moodle の小テストでは，同じテストを何度も受験するように設定することができる．このとき，Moodle では，多肢選択問題で選択肢の順番をランダムに変えるなどの工夫を凝らすことができる．STACK でもそのように問題にランダム性を与えるた

めに，同種であるが，係数などの数値がランダムに変更された異なる問題を作成することも可能である。

前節では，$\frac{d}{dx}(x-1)^3$ の計算をさせる問題を作成したが，この節では，$\frac{d}{dx}(x+k)^l$ のタイプの問題で，例えば，k が $\pm 1, \pm 2, \pm 3$，l が $2, 3, 4, 5$ の中からランダムに選ばれるような問題を作成してみよう。

以下では，Sample 01 の問題をもとに，Sample 02 の問題を作成することにする。

4.3.1 問題文の作成

1. STACK ブロックから「問題一覧」をクリックすると，それまでに作成された問題の一覧が現れる（図 4.13 参照）。

図 4.13 問題の一覧表示画面

2. 一覧の中の Sample 01 の「編集」をクリックし，図 4.14，表 4.4 のように変更する。
3. 「更新」ボタンをクリックする。

「変数」で使用されている rand というコマンドは乱数に関するコマンドで，rand([a,b,...,z]) は，リスト [a,b,...,z] の中から，任意の要素をランダムに選択することを意味する。rand コマンドについては，付録 A.3.4 項を参照のこと。したがって，k は -3,-2,-1,1,2,3，l は 2,3,4,5 の中から，それぞれがランダムに選択されることになる。そのようにして選ばれた k と l を用いて，数式 (x+k)^l すなわち $(x+k)^l$ が指定され，それを変数 p で定義している。

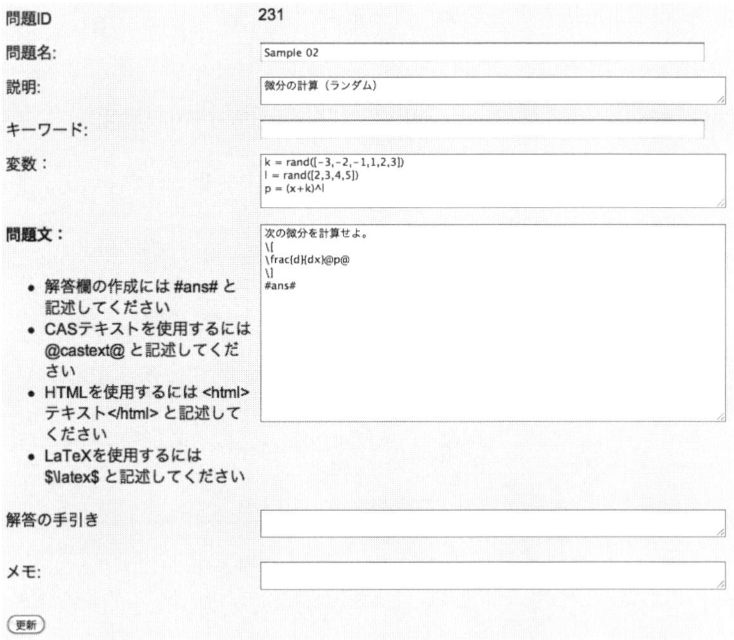

図 4.14 Sample 02 の問題編集画面

表 4.4　図 4.13 の入力内容

問題名	Sample 02
説明	微分の計算（ランダム）
変数	k = rand([-3,-2,-1,1,2,3]) l = rand([2,3,4,5]) p = (x+k)^l
問題文	次の微分を計算せよ。 \[\frac{d}{dx}@p@ \] #ans#

4.3.2　解答欄の設定

1. 「正答」を diff(p,x) とする。このようにMaximaの微分を行うコマンド diff を利用することにより，任意の p に対する正答を指定することが可能となる。

2. 「更新」ボタンをクリックする。

4.3.3 ポテンシャル・レスポンス・ツリーの設定

1. 図 4.15 のように，評価基準フィールドを diff(p,x) とする。

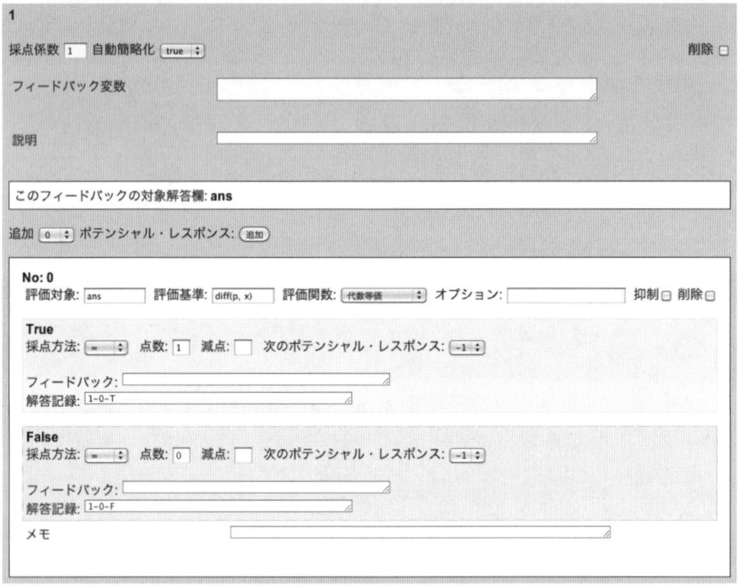

図 4.15 Sample 02 のポテンシャル・レスポンス・ツリーの設定

2. 「更新」ボタンをクリックする。

4.3.4 問題の保存

以上で，変更作業が終わったので，これを新しい問題として保存する。同じページの最下部近くにある「新しい問題として保存」ボタンをクリックして問題の保存を行う。誤って「保存」ボタンをクリックしてしまうと，Sample 01 が上書きされてしまうので，注意すること。

4.3.5 問題の確認

問題なく保存されれば,「問題 ID」が更新され,「プレビュー」のリンクが表示される。前節と同様にして,問題の確認を行ってみよう。前節と異なる問題が提示される[*4]こと以外は,学生の解答に対する処理は同じである。

問題の確認が終わったら「問題作成の終了」ボタンをクリックする。今回新しく作成した問題が追加されていることが確認できる。

問題名が Sample 02 の「プレビュー」をクリックすると,$\frac{d}{dx}(x+k)^l$ の k と l がランダムに更新された新しい問題が提示される。この操作を繰り返すごとに新しい問題がランダムに提示されることが確認できるであろう。

図 4.16 問題の一覧画面

4.4 フィードバックの追加

ここまで作成した問題では,学生の解答に対して,正答か誤答かを判定するだけのものであった。これに加えて,学生の解答に応じて,正答か誤答以外のコメントを含むフィードバックを学生に返すことを考えてみよう。

例えば,$\frac{d}{dx}(x-1)^3$ を計算する場合,チェインルール[*5]を使うことにより,

[*4] もちろん,たまたま前節と同じ問題が選ばれて提示される場合もある。

[*5] $y = f(g(x))$ のとき,$y = f(z), z = g(x)$ とすれば,$\frac{dy}{dx} = \frac{dy}{dz}\frac{dz}{dx}$ である。

$$\frac{d}{dx}(x-1)^3 = 3(x-1)^2$$

となる．しかし，チェインルールを知らない学生は

$$\begin{aligned}\frac{d}{dx}(x-1)^3 &= \frac{d}{dx}(x^3 - 3x^2 + 3x - 1) \\ &= 3x^2 - 6x + 3\end{aligned}$$

のように計算し，解答を 3*x^2-6*x+3 と入力するかもしれない．そこで，そのような学生の解答に対しては，正答として評価するが，

数式を展開してから微分の計算をしていませんか？
その場合は，チェインルールを思い出しましょう．

というコメントをフィードバックとして返すようにしてみよう．

4.4.1 問題文の作成

1. STACK ブロックから「問題一覧」をクリックし，「問題名」が Sample 01 となっているものの「編集」のリンクをクリックし，以下のように変更する．
   - 問題名：Sample 03
   - 説明：微分の計算（コメント）
2. 「更新」ボタンをクリックする．

4.4.2 解答欄の設定

変更の必要なし．

4.4.3 ポテンシャル・レスポンス・ツリー

図 4.17 のような流れで，学生の解答を評価することを考えよう．そのために，学生の解答が $3(x-1)^2$ と代数的に等しい場合，因数分解されているかどうかの判定を，ポテンシャル・レスポンス・ツリーに追加する．

1. 「追加」の右の数値を 1 として，「追加」ボタンをクリックし，新たなポテンシャル・レスポンスを追加する（図 4.18 参照）．数値は，追加するポテンシャル・レスポンスの数であり，ポテンシャル・レスポンスの番号ではないことに

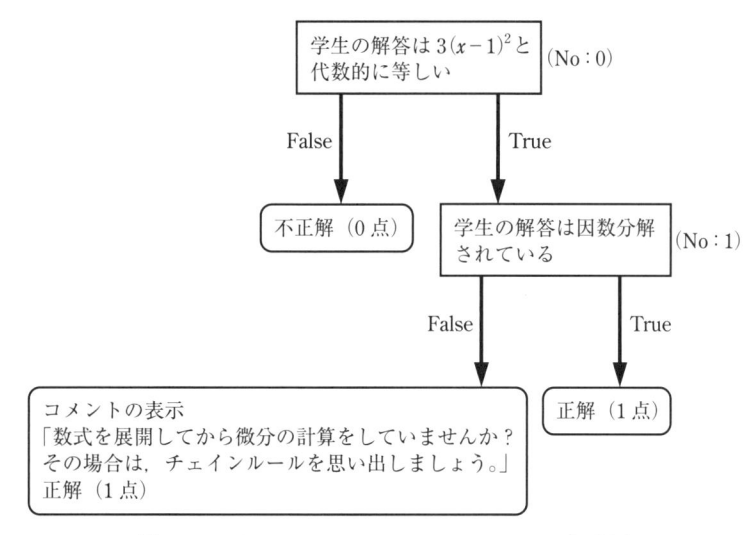

図4.17 ポテンシャル・レスポンス・ツリーの概念図
（図中のNo: 0，No: 1は後述のポテンシャル・レスポンスの番号を示す）

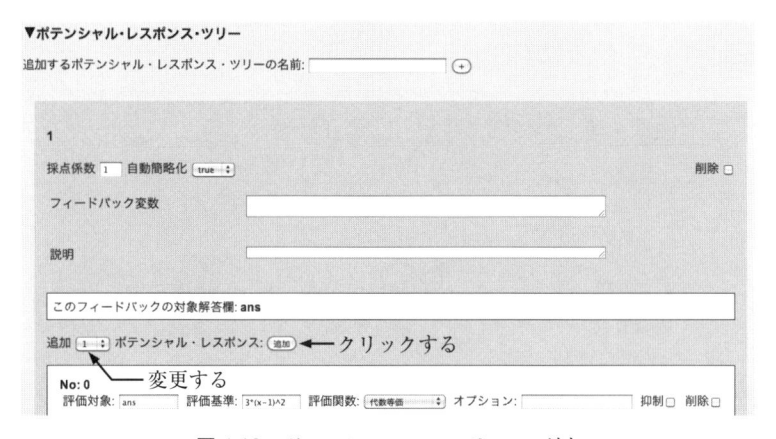

図4.18 ポテンシャル・レスポンスの追加

注意すること。
2. ポテンシャル・レスポンスNo. 0のTrue欄で，「次のポテンシャル・レスポンス」を「1」とする（図4.19参照）。つまり，Trueの場合には，ポテンシャル・レスポンスNo: 1に推移するということである。
3. 図4.20，表4.5のようにポテンシャル・レスポンスNo: 1を入力する。ここで

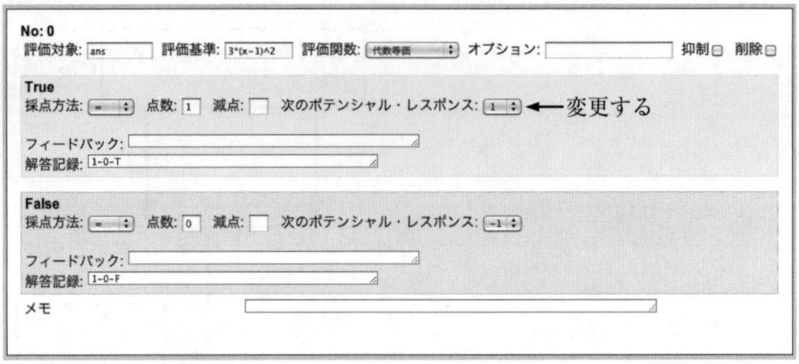

図4.19　ポテンシャル・レスポンス No: 0

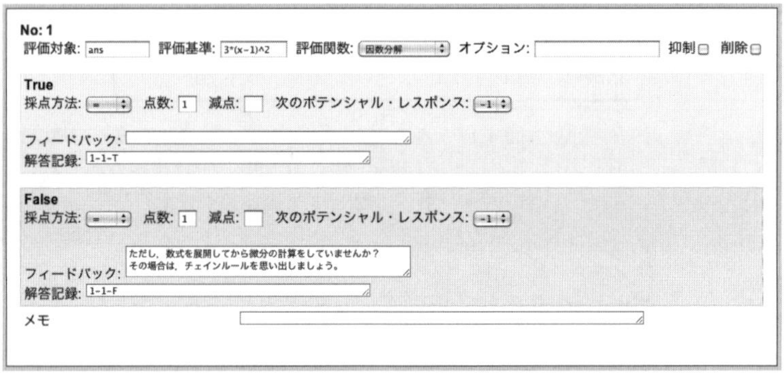

図4.20　因数分解されているかどうかを判定するポテンシャル・レスポンス No: 1

表4.5　図4.20の入力内容

評価対象	ans
評価基準	3*(x-1)^2
評価関数	因数分解
オプション[*6]	x
False の点数	1
False のフィードバック	ただし，数式を展開してから微分の計算をしていませんか？その場合は，チェインルールを思い出しましょう。

は，因数分解されているかどうかの判定のために，評価関数として「因数分解」（付録 C.3.3 項参照）を使用している。

4. 更新ボタンをクリックする。

[*6] 評価関数で用いられるオプション。評価関数によっては，指定が必須のものもあるので，詳細は付録Cを参照のこと。

4.4.4 問題の保存

同じページの最下部近くにある「新しい問題として保存」ボタンをクリックする。

4.4.5 問題の確認

1. 「プレビュー」のリンクをクリックし，問題のプレビューを表示させる。
2. 解答として，3*x^2-6*x+3 と入力してみる。
3. 入力した解答の確認の後，図 4.21 のように，チェインルールを利用したかどうかの確認を促すコメントが，フィードバックとして表示されていることが確認できる。フィードバックのうち「ただし，数式を展開……思い出しましょう。」はポテンシャル・レスポンス No: 1 の False のフィードバックで指定したものである（図 4.20，表 4.5 参照）。それに対して，「あなたの解答は因数分解されていません。共通因子をくくり出す必要があります。」は因数分解の評価関数の中に組み込まれているフィードバックである。評価関数からのフィードバックを表示させたくない場合には，「抑制」にチェックを入れるとよい。

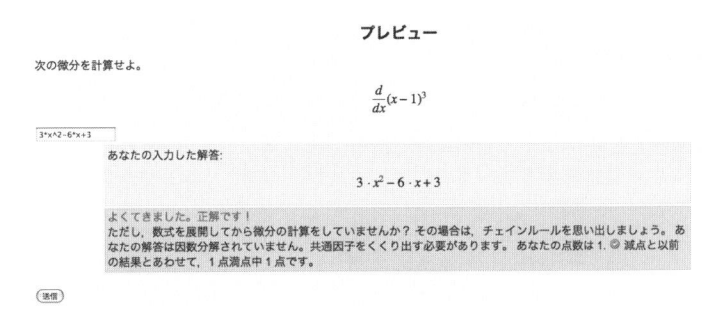

図 4.21 解答が因数分解されていない場合のフィードバック

4.5 解答の手引きの追加

必要に応じて，問題に解答の手引きを表示させることは，学生の学習の手助けになると考えられる。ここでは，解答の手引きを表示するための設定方法，それを表示さ

せた場合の，STACK の動作について説明する。

　Sample 02 の問題に解答の手引きを加えよう．Sample 02 はランダムに生成された $(x+k)^l$ の微分を計算する問題であった．そこで，チェインルールを使って計算できることを示すために，以下のような解答の手引きを表示させることを考える．

　　　チェインルールを使って計算をしましょう．$u=x+k$ として，次のように計算できます．

$$\frac{\mathrm{d}}{\mathrm{d}x}(x+k)^l = \frac{\mathrm{d}}{\mathrm{d}x}u^l = \frac{\mathrm{d}}{\mathrm{d}u}u^l\frac{\mathrm{d}u}{\mathrm{d}x} = l(x+k)^{l-1}$$

k,l はランダムに与えられるもので，実際には数値に置き換えられて表示される．

　このような解答の手引きを表示させるためには，問題の編集画面で，「解答の手引き」欄に，図 4.22，表 4.6 のように入力する．入力後，「問題名」を「Sample 04」，「説明」を「微分の計算（解答の手引き）」などとして，更新ボタンをクリックする．

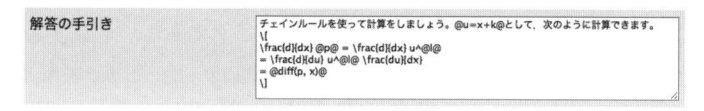

図 4.22　解答の手引きの設定

表4.6　図4.22の入力内容

解答の手引き	チェインルールを使って計算をしましょう．@u=x+k@として，次のように計算できます． \\[\\frac{d}{dx} @p@= \\frac{d}{dx} u^@l@ = \\frac{d}{du} u^@l@ \\frac{du}{dx} = @diff(p, x)@ \\]

4.5.1　解答時の動作

　「問題の編集」画面を下までスクロールし，「新しい問題として保存」ボタンをクリックする．誤りがなければ，「プレビュー」のリンクをクリックし，解答時の動作をチェックしてみる．

解答を入力し、「送信」ボタンをクリックすると、図 4.23 のように、「解答の手引きを表示する」という表示と、その横にチェックボックスが現れる。

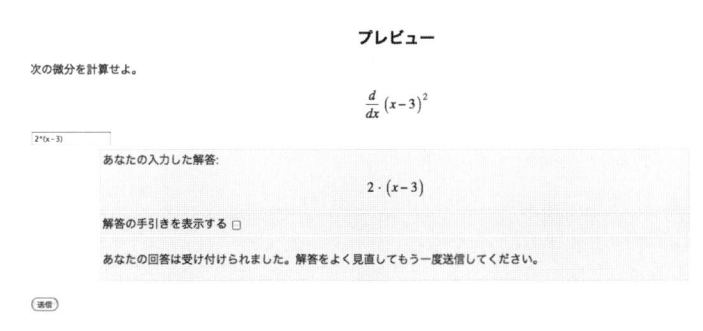

図 4.23 解答の手引きを表示するチェックボックスの表示

チェックボックスにチェックを入れて「送信」ボタンをクリックすると、図 4.24 のように、正答と解答の手引きが表示される。しかし、解答欄がなく、鍵アイコンが現れ、新たに解答を入力できなくなることに注意しなければならない。

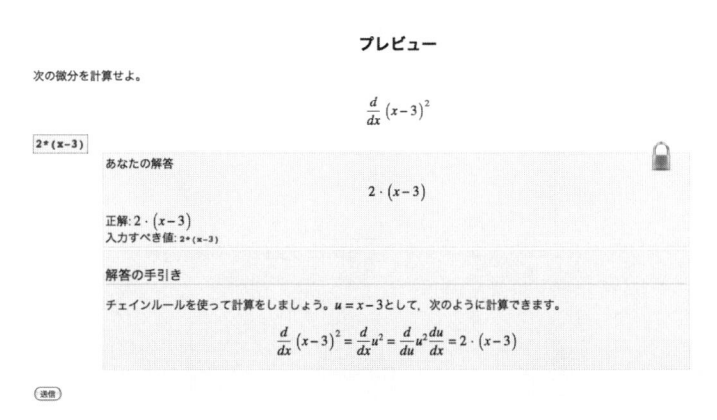

図 4.24 解答の手引きの表示

したがって、解答の手引きの利用用途としては、何度解答を入力しても正解を得られないときなどの学習の手助けとして、学生に利用を促すなど、普段の学習時に利用することが効果的であると考えられる。

4.6 次のステップ

　以上の手続きにより，基本的な問題作成が可能となり，様々な種類の問題の作成を行うことができる。次章では，いくつかの問題の作成例を示すとともに，次のステップとして，以下のような問題に発展させていくこととする。

- グラフを利用した問題
- 解答欄が複数ある問題，小問を設けた問題
- 部分点を考慮した問題
- 行列や微分方程式など，より高度な問題
- 数学以外の自然科学分野の問題

第 5 章

STACK で問題を作成する：応用編

第 4 章で確認した基本的な STACK での問題作成方法をもとにして，本章では応用編としていくつかのより複雑な問題を作成してみよう。

5.1 グラフを利用した問題

STACK は Maxima のグラフ作成機能を用いて，問題文，解答の手引き，フィードバックにグラフを挿入することができる。そこで，ここでは次のような，与えられた 3 点をとる 2 次関数を求める問題を作成してみよう。ただし，実際には 3 点はランダムに与えられるものとする。

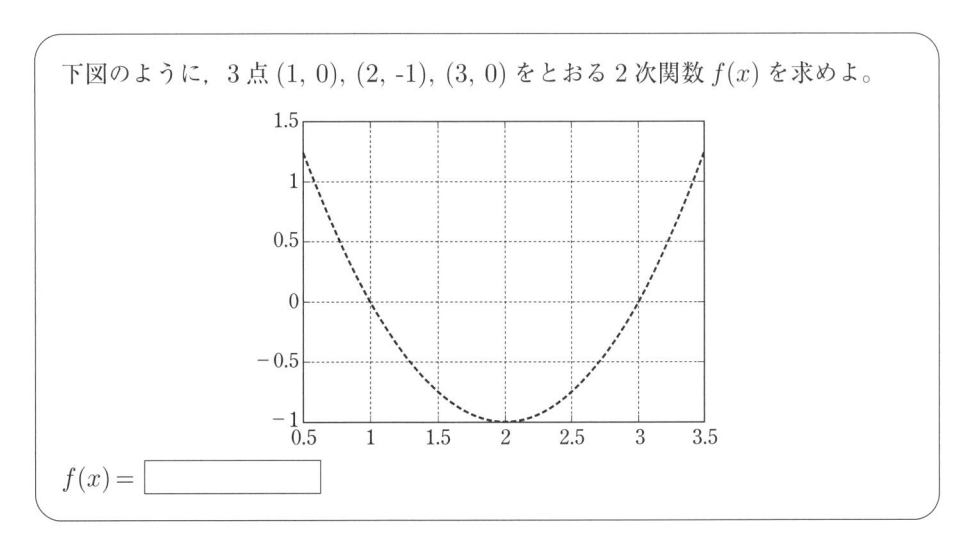

下図のように，3 点 (1, 0), (2, -1), (3, 0) をとる 2 次関数 $f(x)$ を求めよ。

$f(x) = \boxed{}$

5.1.1 問題文の作成

問題の編集画面で，図 5.1，表 5.1 のように入力する。

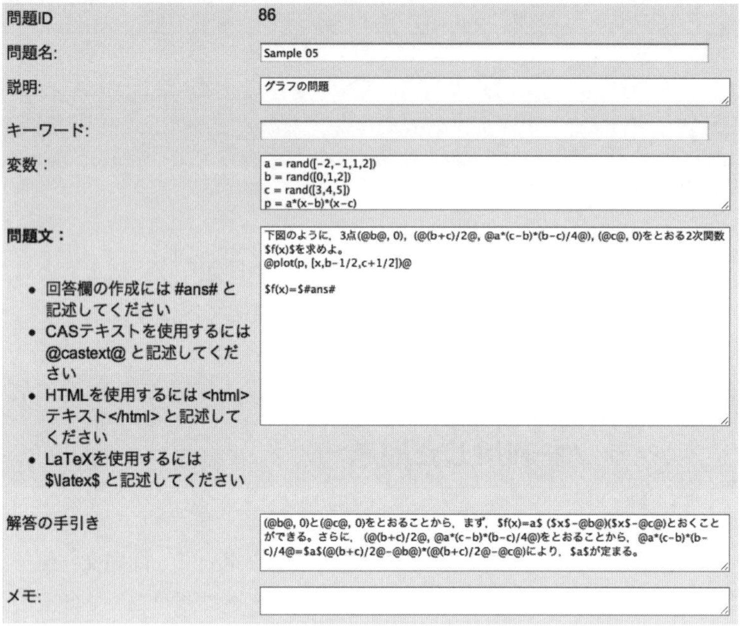

図 5.1 Sample 05 の問題作成画面

表 5.1 図 5.1 の入力内容

問題名	Sample 05
説明	グラフの問題

変数	`a = rand([-2,-1,1,2])`
	`b = rand([0, 1, 2])`
	`c = rand([3, 4, 5])`
	`p = a*(x-b)*(x-c)`

問題文	下図のように，3 点 (@b@, 0), (@(b+c)/2@, @a*(c-b)*(b-c)/4@), (@c@, 0) をとおる 2 次関数$f(x)$を求めよ.
	`@plot(p, [x,b-1/2,c+1/2])@`
	
	`$f(x)=$#ans#`

解答の手引き	(@b@, 0) と (@c@, 0) をとおることから，まず，$f(x)=a$ (x-@b@)(x-@c@) とおくことができる．さらに，(@(b+c)/2@, @a*(c-b)*(b-c)/4@) をとおることから，@a*(c-b)*(b-c)/4@=a(@(b+c)/2@-@b@)*(@(b+c)/2@-@c@) により，aが定まる．

「問題文」のように，グラフを挿入するには，`plot` コマンド（A.3.3 項参照）を`@`で挟んで用いる。また，「解答の手引き」を用意し，どのように関数を求めることができるか，その手順を示している。具体的には，次のような解答の手引きである。

> (1, 0) と (3, 0) をとおることから，まず，$f(x) = a(x-1)(x-3)$ とおくことができる。さらに，(2, -1) をとおることから，$a(2-1)(2-3) = -1$ により，a が定まる。

5.1.2　解答欄の設定

解答欄の設定で，図 5.2，表 5.2 のように入力する。

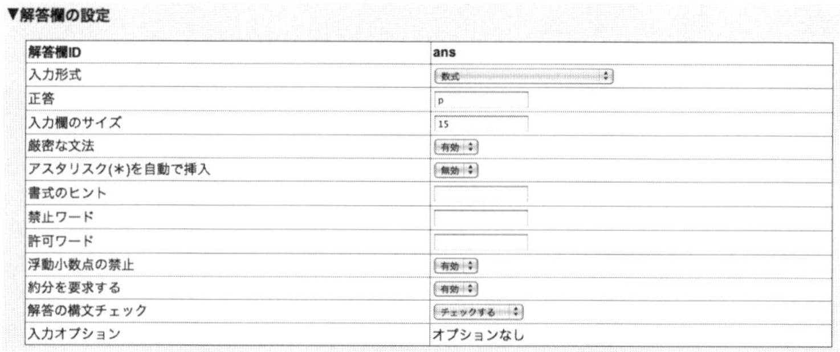
▼解答欄の設定

解答欄ID	ans
入力形式	数式
正答	p
入力欄のサイズ	15
厳密な文法	有効
アスタリスク(*)を自動で挿入	無効
書式のヒント	
禁止ワード	
許可ワード	
浮動小数点の禁止	有効
約分を要求する	有効
解答の構文チェック	チェックする
入力オプション	オプションなし

図 5.2　Sample 05 の解答欄の設定

表5.2　図 5.2 の入力内容

正答	p
入力欄のサイズ	15

5.1.3　ポテンシャル・レスポンス・ツリー

「追加するポテンシャル・レスポンス・ツリーの名前」として，「plot」を指定し，「+」ボタンをクリックする（図 5.3 参照)。

ポテンシャル・レスポンスが追加されるので，図 5.4，表 5.3 のように入力する。このようにフィードバックを設定することにより，学生の解答が誤答の場合，図 5.5 のように正解（以下の例では `(x-1)*(x-3)`）と誤答（以下の例では `1/2*(x-1)*(x-3)`）のグラフが示される。

第 5 章 STACK で問題を作成する：応用編

図 5.3　Sample 05 のポテンシャル・レスポンス・ツリーの追加

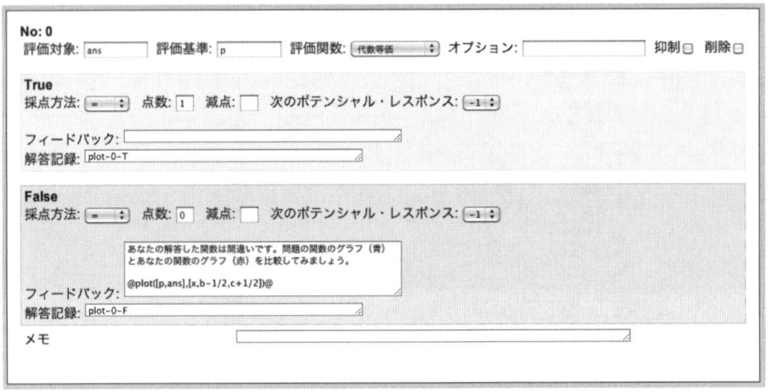

図 5.4　Sample 05 のポテンシャル・レスポンス・ツリーの内容

表 5.3　図 5.4 の入力内容

評価対象	ans
評価基準	p
評価関数	代数等価
False のフィードバック	あなたの解答した関数は間違いです。問題の関数のグラフ（青）とあなたの関数のグラフ（赤）を比較してみましょう。 @plot([p,ans],[x,b-1/2,c+1/2])@

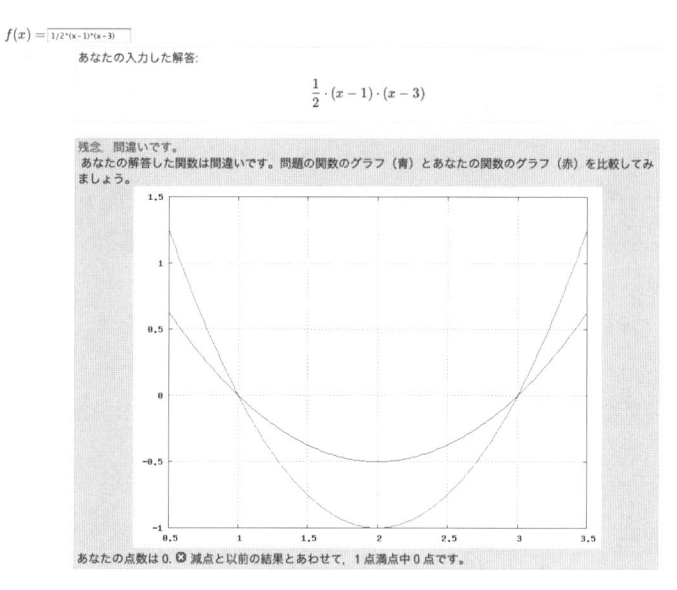

図 5.5　誤答の場合のフィードバック

5.2　複数の解答欄を持つ問題 —— 1つのポテンシャル・レスポンス・ツリーの場合

　STACK では複数の解答欄を持つような問題を作成することも可能であり，この機能を応用し，小問を設けた問題を作成することができる．このとき，学生の解答に対する正誤評価を行うために，複数の解答欄に対して1つのポテンシャル・レスポンス・ツリーで処理する場合と，解答欄に応じて複数のポテンシャル・レスポンス・ツリーを使って処理する場合とがあるが，ここでは，まず前者の場合について紹介する．
　例として次のような 2 次方程式を解く問題を作成すること考えよう．

次の 2 次方程式の解を求めよ．
$$x^2 + 3x - 2 = 0$$
ただし，重解を持つ場合は，左の解答欄にのみ解を入力せよ．

$x =$ ☐ , ☐

5.2.1　問題文の作成

問題の編集画面で，図 5.6, 表 5.4 のように入力する．なお，「変数」欄で使用されている `rand_with_step(-10,10,1)` は，-10 から 10 までの整数から任意に 1 つの整数をランダムに選択し，`rand_with_prohib(-10,10,[0])` は -10 から 10 までの 0 を除く整数から任意に 1 つの整数をランダムに選択するためのコマンドである．詳細は付録 A.3.4 項を参照のこと．

解答の手引きとして以下のものを表示することを考え，解答の手引き欄を作成している．

2 次方程式 $ax^2+bx+c=0$ を考える場合，解は，判別式 $D=b^2-4ac$ を計算することにより，以下のように判定できます．

- $D>0$ の場合は異なる 2 つの実数解を持つ
- $D<0$ の場合は互いに共役な 2 つの複素数解を持つ
- $D=0$ の場合は重解を持つ

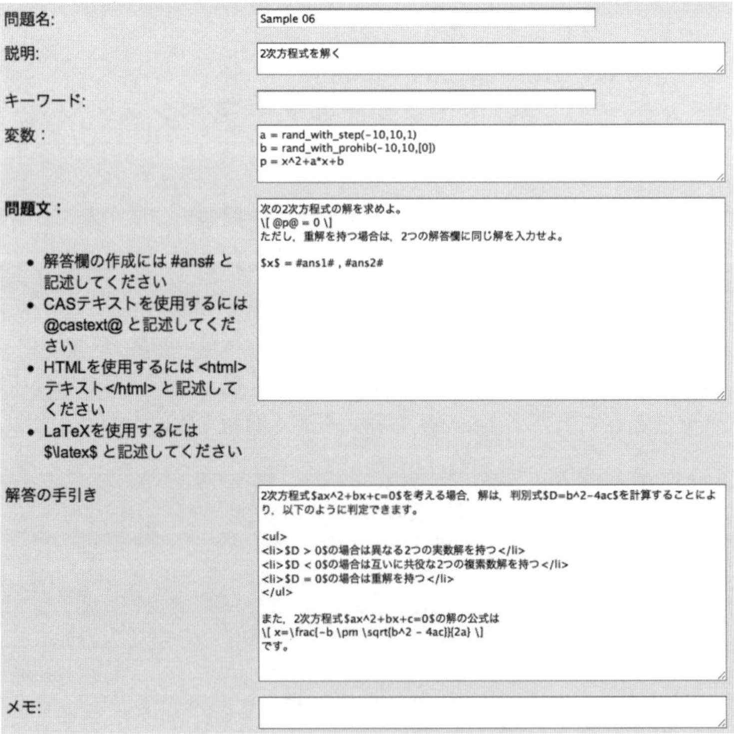

図 5.6　Sample 06 の問題設定画面

表5.4 図5.6の入力内容

問題名	Sample 06
説明	2次方程式を解く
変数	a = rand_with_step(-10,10,1) b = rand_with_prohib(-10,10,[0]) p = x^2+a*x+b
問題文	次の2次方程式の解を求めよ。 \[@p@=0 \] ただし，重解を持つ場合は，左の解答欄にのみ解を入力せよ。 x = #ans1#, #ans2#
解答の手引き	2次方程式$ax^2+bx+c=0$を考える場合，解は，判別式$D=b^2-4ac$を計算することにより，以下のように判定できます。 <ul> <li>$D > 0$の場合は異なる2つの実数解を持つ</li> <li>$D < 0$の場合は互いに共役な2つの複素数解を持つ</li> <li>$D = 0$の場合は重解を持つ</li> </ul> また，2次方程式$ax^2+bx+c=0$の解の公式は \[x=\frac{-b \pm \sqrt{b^2 - 4ac}}{2a} \] です。

また，2次方程式 $ax^2+bx+c=0$ の解の公式は

$$x=\frac{-b\pm\sqrt{b^2-4ac}}{2a}$$

です。

5.2.2 解答欄の設定

問題文の中で，#ans1#, #ans2#のように，2つの解答欄を作成したので，解答欄の設定では，図5.7のように作成した解答欄の数だけ設定欄が作成される。

図5.7では，「正答」欄には方程式の解を解の公式を利用して，#ans1#, #ans2#のそれぞれに対して，(-a+sqrt(a^2-4*b))/2, (-a-sqrt(a^2-4*b))/2を入力している。また，「禁止ワード」として方程式を解くMaximaのコマンドsolveを両方に指定している。それ以外の項目はデフォルトのままとした。

図 5.7 複数の解答欄の設定

5.2.3 ポテンシャル・レスポンス・ツリー

この問題では，学生の 2 つの解答に対して，両方正答の場合に満点（1 点），どちらか一方だけ正答の場合（0.5 点），どちらも誤答の場合（0 点）の場合分けを考え，表 5.5 のような No:0〜2 の 3 つのポテンシャル・レスポンスを作成することにする。

次のようにして，具体的にポテンシャル・レスポンス・ツリーを作成してみよう。

まず，「追加するポテンシャル・レスポンス・ツリーの名前」として，「solution」を指定し，「+」ボタンをクリックする。そして，ポテンシャル・レスポンス No: 0 のすぐ上の「追加」の右の数値を 2 として，「追加」ボタンをクリックする。ポテンシャル・レスポンス No: 1，No: 2 が追加されるので，図 5.8，表 5.6 のように入力して，ポテンシャル・レスポンス・ツリーを作成する。

以上のようにポテンシャル・レスポンス・ツリーを設定し，「更新」ボタンをクリックすると，図 5.9 のようにポテンシャル・レスポンス・ツリーが対象とする解答欄が

表 5.5　Sample 06 のポテンシャル・レスポンス・ツリーの概要

No: 0	ans1 を p に代入し，0 となるかどうかによって，学生の解答 ans1 が正答かどうかを判定。正答の場合 No: 1，誤答の場合 No: 2 へ。
No: 1	ans2 を p に代入し，0 となるかどうかによって，学生の解答 ans2 が正答かどうかを判定。正答の場合終了（満点），誤答の場合終了（0.5 点）。
No: 2	ans2 を p に代入し，0 となるかどうかによって，学生の解答 ans2 が正答かどうかを判定。正答の場合終了（0.5 点），誤答の場合終了（0 点）。

5.2 複数の解答欄を持つ問題——1つのポテンシャル・レスポンス・ツリーの場合

図 5.8 Sample 06 のポテンシャル・レスポンス・ツリー

ans1，ans2 であることを確認しておこう．これは，このポテンシャル・レスポンス・ツリーの中に，解答欄の変数として ans1，ans2 が含まれていることが自動的に検索された結果である．

このポテンシャル・レスポンス・ツリーでは，subst 関数を使って，ans1 あるいは ans2 を p に代入した値を計算し，それが 0 となるかどうかによって，学生の解答が正答であるかどうかを判定している．subst 関数は，例えば subst(a，x，p) により x

表5.6　図5.8の入力内容

No: 0

評価対象		subst(ans1, x, p)
評価基準		0
評価関数		代数等価
True	点数	1
	次のポテンシャル・レスポンス	1
False	点数	0
	次のポテンシャル・レスポンス	2

No: 1

評価対象		subst(ans2, x, p)
評価基準		0
評価関数		代数等価
True	点数	1
	次のポテンシャル・レスポンス	-1
False	点数	0.5
	次のポテンシャル・レスポンス	-1
	フィードバック	あなたの解答@x=ans2@が間違っています。@x=ans2@を@p@に代入すると，@expand(subst(ans2, x, p))@となり0ではありません。

No:2

評価対象		subst(ans2, x, p)
評価基準		0
評価関数		代数等価
True	点数	0.5
	次のポテンシャル・レスポンス	-1
	フィードバック	あなたの解答@x=ans1@が間違っています。@x=ans1@を@p@に代入すると，@expand(subst(ans1, x, p))@となり0ではありません。
False	点数	0
	次のポテンシャル・レスポンス	-1
	フィードバック	あなたの解答は2つとも間違っています。あなたの解答@x=ans1@，@x=ans2@を@p@に代入すると，それぞれ@expand(subst(ans1, x, p))@，@expand(subst(ans2, x, p))@となり，ともに0ではありません。

```
このフィードバックの対象解答欄: ans1, ans2
```

図 5.9　フィードバックの対象解答欄

の関数である p を，$x=a$ で評価することができる。これをフィードバックにも利用し，学生が誤答を提出した場合，それを p に代入しても 0 にならないことを気づかせている。ただし，以下の例に示すように，subst 関数だけでは最後まで計算されない場合があるので，式を展開する expand 関数を使って計算を実行している。

x^2+x+1 に $\dfrac{1+\sqrt{3}\,i}{2}$ を代入した結果を計算する場合，subst 関数だけでは形式的に代入した結果しか得られないのに対し，expand 関数を施すことにより計算が実行された結果が得られる。以下では，そのことを，Maxima の実際の実行結果として示している。

```
(%i1) subst((1+sqrt(3)*%i)/2, x, x^2+x+1);
                              2
                (sqrt(3) %i + 1)    sqrt(3) %i + 1
(%o1)           ---------------- + -------------- + 1
                       4                  2
(%i2) expand(subst((1+sqrt(3)*%i)/2, x, x^2+x+1));
(%o2)                         sqrt(3) %i + 1
```

5.3　複数の解答欄を持つ問題——複数のポテンシャル・レスポンス・ツリーの場合

　前節は解答欄は複数あるが，正誤判定のためのポテンシャル・レスポンス・ツリーは 1 つだけの例を示した。しかし，複数のポテンシャル・レスポンス・ツリーを使って正誤判定の処理を行いたい場合もある。例えば，1 つの問題の中で，独立した計算問題などが小問として複数設けられている場合などが挙げられる。そこで，本節では以下のような，3 問の小問からなる因数分解に関する問題を作成してみよう。

> 次の問に答えよ。
>
> 1. $4x+8$ を因数分解せよ。　☐
> 2. x^2+4x+5 を因数分解せよ。　☐
> 3. x^3+5x^2+3x-9 を因数分解せよ。　☐

5.3.1　問題文の作成

問題の編集画面で，表5.7のように入力する。

表5.7　Sample 07の問題編集画面の入力内容

問題名	Sample 07
説明	因数分解に関する問題
変数	a = rand([-9,-8,-7,-6,-5,-4,-3,-2,-1,2,3,4,5,6,7,8,9]) b = rand(19)-9 c = rand(19)-9 d = rand(19)-9 e = rand(19)-9 f = rand(19)-9 g = rand(19)-9 p = expand(a*(x+b)) q = expand((x+c)*(x+d)) r = expand((x+e)*(x+f)*(x+g))
問題文	次の問に答えよ。 1. @p@を因数分解せよ。 #ans1# 2. @q@を因数分解せよ。 #ans2# 3. @r@を因数分解せよ。 #ans3#

a*(x+b)，(x+c)*(x+d)，(x+e)*(x+f)*(x+g) を正解とし，問題文にはそれを展開したものを提示して，因数分解させるようにしている。なお，b〜g は，-9〜9 の任

意の数としており，a は $-9 \sim 9$ から $0, 1$ を省いたものとしている．

5.3.2 解答欄の設定

前節と同様，複数の解答欄を設けたので，それぞれの解答欄について表5.8のように設定を行う．ただし，変更・記入した部分のみを掲載している．

表5.8 Sample 07 の解答欄の設定

解答欄 ID	ans1	ans2	ans3
正答	factor(p)	factor(q)	factor(r)
入力欄のサイズ	20	20	20
禁止ワード	factor	factor	factor

学生がMaximaの因数分解のコマンドfactorを使って解答することを禁止するために，当然，禁止ワードとしてfactorを指定している．

5.3.3 ポテンシャル・レスポンス・ツリー

前節では，1つのポテンシャル・レスポンス・ツリーで，複数の解答欄を処理したが，この問題では小問は独立しているので，それぞれの解答欄を個別のポテンシャル・レスポンス・ツリーで処理する必要がある．まず，解答欄ans1についてのポテンシャル・レスポンス・ツリーを「PRT1」という名前で作成し，その処理の手順としては表5.9のとおりとする．No: 0 では，評価関数として因数分解（付録C.3.3項参照）を利

表5.9 Sample 07 のポテンシャル・レスポンス・ツリーの概要

No: 0	ans1 が代数的に正答と等しいかどうか，因数分解されているかどうかを判定し，ともに満たされていれば（true）正答として終了（1点），どちらかが満たされていなければ（false）No: 1 へ．
No: 1	ans1 が正答と代数的に等しいかどうかを判定し，等しい場合（true）には因数分解がなされていないか不十分であるので，誤答として終了（0.5点），等しくない場合には（false），学生の解答を展開しそれが問題に示された式と等価でないことをフィードバックとして返す．

用して，学生の解答を評価する．また，No: 1 で True の場合は，学生の解答は問題の式と代数的には等しいが，因数分解がなされていないかあるいは不十分であるので，誤答としている．

「追加するポテンシャル・レスポンス・ツリーの名前」として，「PRT1」を指定し，「+」ボタンをクリックする．「PRT1」を作成した後，「フィードバック変数」を「s = expand(ans1)」とし，ポテンシャル・レスポンスの内容は具体的には図5.10，表5.10 のように作成する．「フィードバック変数」はポテンシャル・レスポンス・ツリーの中で使われる変数として自由に設定できる．ここでは，学生の解答を展開したものを「s」と設定している．

ans2，ans3 については，「追加するポテンシャル・レスポンス・ツリーの名前」として，「PRT2」，「PRT3」を指定し，「+」ボタンをクリックすることにより，独立に2つ追加する．ポテンシャル・レスポンス PRT2，PRT3 の内容は PRT1 の ans1 を，ans2 あるいは ans3 に，@p@ を @q@ あるいは @r@ に置き換えるだけで，基本的には同様の内容である．なお，PRT1，PRT2，PRT3 は独立であるので，フィードバック変数と

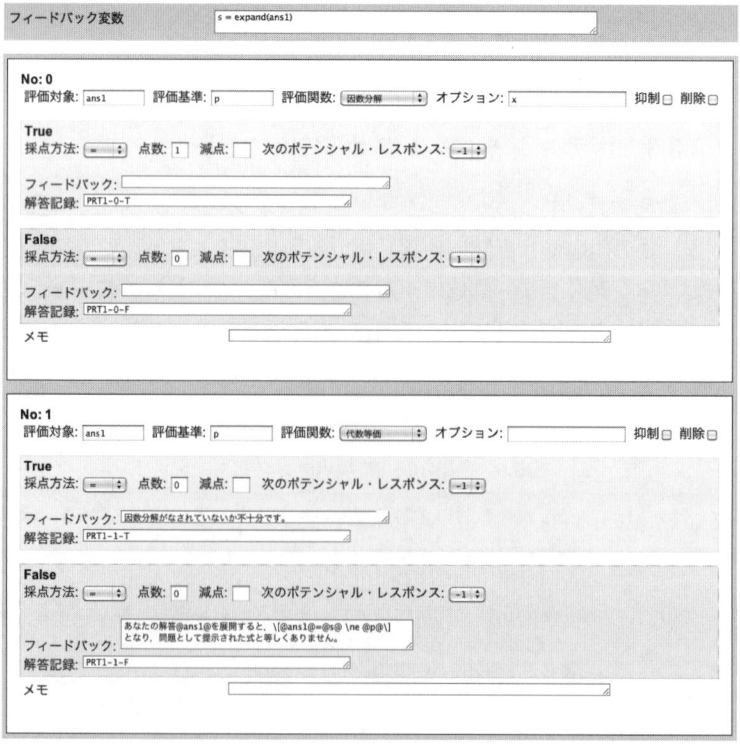

図 5.10 Sample 07 のポテンシャル・レスポンス・ツリー PRT1

表5.10　図5.10の入力内容

フィードバック変数		s = expand(ans1)
No: 0		
評価対象		ans1
評価基準		p
評価関数		因数分解
オプション		x
True	点数	1
	次のポテンシャル・レスポンス	-1
False	点数	0
	次のポテンシャル・レスポンス	1
No: 1		
評価対象		ans1
評価基準		p
評価関数		代数等価
True	点数	0
	次のポテンシャル・レスポンス	-1
	フィードバック	因数分解がなされていないか不十分です。
False	点数	0
	次のポテンシャル・レスポンス	-1
	フィードバック	あなたの解答@ans1@を展開すると，\[@ans1@=@s@ \ne @p@\] となり，問題として提示された式と等しくありません。

して，それぞれ中でs = expand(ans1)，s = expand(ans2)，s = expand(ans3)のように同じ変数sを定義しても差し支えない。

5.4　積分の問題

　これまでは評価関数として，数式が代数的に等価であるかどうかを判定する「代数等価」，因数分解されているかを判定する「因数分解」を利用してきた。それ以外の評価関数を利用した問題の例として，「積分」を用いた積分の問題の作成について確認し

てみよう。問題文は次のとおりとする。

次の積分を計算せよ。

$$\int (3x^3 + 5x^2 + x + 2)dx$$

5.4.1 問題文の作成

問題の編集画面で，表 5.11 のとおり入力する。「変数」の設定では，rand(5) により，0, 1, 2, 3, 4 の中からランダムに数値を発生させることで，最高次が 3 次の多項式の積分の問題を課すことができる。この問題では，(rand(5)+1)*x^2 により，少なくとも x^2 の係数は 0 でないようにしている。

表5.11　Sample 08 の問題編集画面の入力内容

問題名	Sample 08
説明	積分の計算
変数	p = rand(5)*x^3+(rand(5)+1)*x^2+rand(5)*x+rand(5)
問題文	次の積分を計算せよ。\[\int (@p@) dx\] #ans#
解答の手引き	x^nの積分が$\frac{1}{n+1}x^{n+1}$であることを思い出しましょう。項別に積分をすることにより，\[\int @p@ dx = @int(p, x)@ + C\] となる。ただし，Cは積分定数である。

5.4.2 解答欄の設定

解答欄の入力内容は表 5.12 のとおりとする。「正答」は Maxima の積分のコマンド int を用いて，「問題」の数式 p を x で積分した結果に，積分定数 C を加えたものを

表5.12　Sample 08 の解答欄の設定

正答	int(p, x)+C
入力欄のサイズ	15
禁止ワード	int

指定している。また，学生が解答に Maxima の積分のコマンド int を使うことを禁止するために，「禁止ワード」として int を指定している。

5.4.3 ポテンシャル・レスポンス・ツリー

積分の問題の場合は，評価関数として「積分」を使って，表 5.13 のようなポテンシャル・レスポンス・ツリーを 1 つ用意することにより，積分定数の有無まで考慮して正誤評価を行うことができる。

ここで，テストオプションに指定した x は，積分変数を指定している。また，フィードバックも評価関数の「積分」の中ですでに設定されているので，ポテンシャル・レスポンス・ツリーの中では記述する必要はない。ただし，積分定数をつけ忘れるだけで「不正解」とするのではなく，部分点を与えたい場合などは，例えば表 5.14 のよう

表 5.13　評価関数として積分を用いたポテンシャル・レスポンス・ツリーの内容

評価対象	ans
評価基準	int(p, x)+C
評価関数	積分
オプション	x

表 5.14　部分点を考慮したポテンシャル・レスポンス・ツリーの入力内容

No: 0	
評価対象	diff(ans, x)
評価基準	p
評価関数	代数等価
True の次のポテンシャル・レスポンス	1
False のフィードバック	積分の計算が間違っています。あなたの解答@ans@をxで微分しても@p@になりません。

No: 1	
評価対象	ans
評価基準	int(p, x)+C
評価関数	積分
オプション	x
False の点数	0.5

に No: 0, No: 1 の 2 つのポテンシャル・レスポンスを設定するとよい。

ポテンシャル・レスポンス No: 0 では，学生の入力した解答を微分することにより，p で指定された，問題文の被積分関数が得られるかどうかを確認している。これにより，積分定数の有無は別にして，正しく積分計算ができているかどうかを判定する。このポテンシャル・レスポンスで，True の場合，No: 1 に遷移し，評価関数の「積分」で積分定数が加えられているかどうかを判定し，False の場合，つまり積分定数を忘れている場合には，0.5 点を付与している。True の場合は，デフォルトのとおり 1 点が与えられる。

5.5　行列の問題 (1)

次に，STACK による行列の問題の作成についていくつか紹介する。単純な行列の和，積などの計算にはじまり，固有値の計算，逆行列の計算など，Maxima の行列演算のコマンドを利用することにより，多様な問題の作成が可能である。また，学生が解答を入力する場合，行列を入力しなければならないが，その入力支援もいくつか用意されている。

まず，単純な行列の和と積を計算する，次のような問題について作成過程を確認しよう。

次の行列の計算をせよ。

1. $\begin{bmatrix} -4 & 2 \\ 0 & -2 \end{bmatrix} + \begin{bmatrix} 2 & -5 \\ 5 & 2 \end{bmatrix} = \begin{bmatrix} \Box & \Box \\ \Box & \Box \end{bmatrix}$

2. $\begin{bmatrix} 4 & 2 & 1 \\ 1 & 0 & -3 \end{bmatrix} \times \begin{bmatrix} 4 & 4 \\ 1 & -3 \\ -1 & 3 \end{bmatrix} = \boxed{\text{matrix([?,?],[?,?])}}$

ただし，行列 $\begin{bmatrix} a & b \\ c & d \end{bmatrix}$ は matrix([a, b], [c, d]) と入力すること。

---

1. は行列の要素を入力する形式，2. は matrix コマンドを用いた行列の入力を促している。

5.5.1 問題文の作成

問題の編集画面で，表5.15のとおり入力する．行列の要素は，rand([-1,1])*rand(6) により $-5 \sim 5$ からランダムに選ばれた整数により構成されるようにしている．

表5.15 Sample 09 の問題編集画面の入力内容

問題名	Sample 09
説明	行列の和と積の計算
変数	A = matrix([rand([-1,1])*rand(6),rand([-1,1])*rand(6)], [rand([-1,1])*rand(6),rand([-1,1])*rand(6)])
	B = matrix([rand([-1,1])*rand(6),rand([-1,1])*rand(6)], [rand([-1,1])*rand(6),rand([-1,1])*rand(6)])
	C = matrix([rand([-1,1])*rand(6),rand([-1,1])*rand(6), rand([-1,1])*rand(6)],[rand([-1,1])*rand(6), rand([-1,1])*rand(6),rand([-1,1])*rand(6)])
	D = matrix([rand([-1,1])*rand(6),rand([-1,1])*rand(6)], [rand([-1,1])*rand(6),rand([-1,1])*rand(6)], [rand([-1,1])*rand(6),rand([-1,1])*rand(6)])
	E = matrix([a,b],[c,d])
	F = matrix([e,f],[g,h])
問題文	次の行列の計算をせよ．
	1.
	@A@ + @B@ = #ans1#
	2.
	@C@ $\times$ @D@ = #ans2#
	ただし，行列@matrix([a,b],[c,d])@は matrix([a,b],[c,d]) のように入力すること．
解答の手引き	行列の和の計算方法：
	\[@E@ + @F@ = @E+F@\]
	行列の積の計算方法：
	\[@E@ \times @F@ = @E.F@\]

5.5.2 解答欄の設定

入力・選択内容は表5.16のとおりとする．

行列の問題では，解答としての行列を学生にどのように入力させるかが問題となる．STACK では，次のような入力方法が用意されている．

表5.16 Sample 09 の解答欄の設定

解答欄 ID	ans1	ans2
入力形式	行列	数式
正答	A+B	C.D
入力欄のサイズ	5	30
書式のヒント		matrix([?,?],[?,?])
禁止ワード	+	.

1. □□ のように，行列の要素のみを入力させる方法。
2. Maxima の行列定義コマンド matrix を用いて，解答欄には matrix([?,?], [?,?]) という入力のヒントを用意しておき，? の部分を入力させる方法。
3. 学生に matrix コマンドそのものを入力させる方法。

今回の問題では，1. と 2. を採用した。1. の方法では，行列のサイズを指定してしまっているので，教育的効果はやや欠けるかもしれないが，入門的な問題には適当であろう。2. の方法でも，? の部分を埋める，というだけであれば行列のサイズがわかるので，1 と本質的な違いはないが，編集することによりサイズも変えることができるので，入力書式のヒントを与えているということになる。3. は Maxima の matrix コマンドそのものを入力させる方法で，入力方法の指定は必要であろう。

また，正答欄は ans1 は A+B，ans2 は C.D としている。行列の積はアスタリスク（*）ではなく，ピリオド（.）であることに注意すること。

5.5.3 ポテンシャル・レスポンス・ツリー

この問題では，行列の和と積に関する計算問題で，単純に代数的に等しいかどうかの判定だけであるから，ans1，ans2 に個別に表 5.17 のような単純なポテンシャル・レスポンス・ツリー A1，A2 を作成することにする。なお，それぞれ，ポテンシャル・レスポンスは No: 0 のみである。

表5.17 Sample 09 のポテンシャル・レスポンス・ツリーの入力内容

A1	
評価対象	`ans1`
評価基準	`A+B`
評価関数	代数等価

A2	
評価対象	`ans2`
評価基準	`C.D`
評価関数	代数等価

5.6　行列の問題（2）

　前節では，行列の問題の例として比較的単純な行列の和と積の計算とその正誤評価を行う問題の作成を取り上げた。本節では，Maxima に備わっている行列に関する多数のコマンドのうちいくつかを用いて，もう少し複雑な問題，解答の手引きの作成について確認してみることにする。

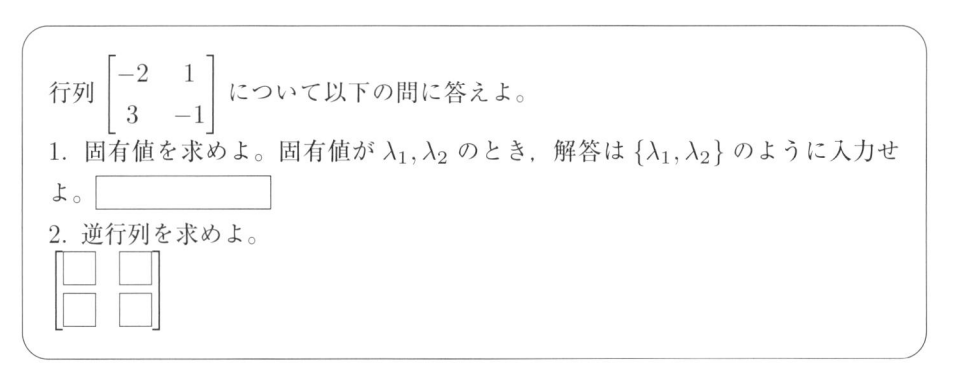

行列 $\begin{bmatrix} -2 & 1 \\ 3 & -1 \end{bmatrix}$ について以下の問に答えよ。

1. 固有値を求めよ。固有値が λ_1, λ_2 のとき，解答は $\{\lambda_1, \lambda_2\}$ のように入力せよ。□

2. 逆行列を求めよ。
   □ □
   □ □

5.6.1　問題文の作成

　問題の編集画面で，表 5.18 のとおり入力する。

　この問題では，固有値が1つだけになったり，逆行列が求められないことが生じないように，行列 $\begin{bmatrix} x & y \\ z & u \end{bmatrix}$ の要素を定めるにあたって，次の工夫をしている。

表5.18　Sample 10 の問題編集画面の入力内容

問題名	Sample 10
説明	行列の固有値と逆行列の計算
| 変数 | ```
x = rand([-1,1])*rand(4)
u = rand([-1,1])*rand(4)
y = 1
z = x*u+1
A = matrix([x,y],[z,u])
DA = matrix([x-\lambda, y], [z, u-\lambda])
IA = invert(A)
I = A.IA
e = (x-\lambda)*(u-\lambda)-y*z
sol = solve(e, \lambda)
sol1 = rhs(sol[1])
sol2 = rhs(sol[2])
AA = matrix([u, -y],[-z, x])
``` |
| 問題文 | 行列@A@について以下の問に答えよ。
1. 固有値を求めよ。#ans1#
固有値がλ_1, λ_2のとき，解答は，
{λ_1, λ_2}のように入力せよ。
2. 逆行列を求めよ。
#ans2# |
| 解答の手引き | 1.
行列Aの固有値をλ，固有ベクトルをpとすると，
\[Ap=\lambda p\]
すなわち，単位ベクトルをIとして
\[(A - \lambda I) p = 0\]
が成り立ちます。
固有ベクトルpが0でないためには，$A-\lambda I$が逆行列を持ってはいけないので，行列式が
\[det(A-\lambda I)=0 \]
となることによりλを求めることができます。
この問題では，
\[det(A-\lambda I)= det(@DA@) = @e@\]
より，
\[@expand(e)@ = 0\]
を解いて，
\[\lambda = {@sol1@, @sol2@}\]
2.
行列$A=@matrix([a,b],[c,d])@$の逆行列A^{-1}は
\[A^{-1} = \frac{1}{a d-b c} @matrix([d, -b], [-c, a])@\]
となります。また，
\[A A^{-1} = I\]
となるかどうかどうかにより，正しく逆行列が求められているか確かめることができます。
この問題では，
\[A^{-1} = \frac{1}{(@x@)(@u@) - (@y@)(@z@)} @AA@ = @IA@\]
と計算でき，確かに，
\[A A^{-1} = @A@ @IA@ = @I@\]
となります。 |
```

まず，与えられた行列を A としよう。簡単のために行列の要素 A_{12} は $A_{12}=1$，つまり $y=1$ とした。そして，$xu-yz=0$ の場合，A の逆行列が計算できないので，それを回避するために，$z=xu+1$ とする。このように定めた行列 $\begin{bmatrix} x & 1 \\ xu+1 & u \end{bmatrix}$ は，固有方程式が $\lambda^2-(x+u)\lambda-1=0$ となり，その判別式が $(x+u)^2+4>0$ であることから，必ず2つの異なる固有値を持つことが保証される。

解答の手引きでは，固有値，逆行列の計算方法を一般的に示すとともに，与えられた問題に応じて具体的な計算過程が表示されるようにしている。

固有値は以下の手順で求めて，解答の手引きを作成している。

1. 固有方程式（`e = (x-\lambda)*(u-\lambda)-y*z`）を立てる。
2. Maximaの`solve`コマンドで固有方程式を解く（`sol = solve(e=0, \lambda)`）。
3. リスト形式で返された解から2つの解を抜き出す（`sol1 = rhs(sol[1])`, `sol2 = rhs(sol[2])`）。

この手順は，行列 $\begin{bmatrix} 2 & 1 \\ 1 & 0 \end{bmatrix}$ の固有値を求める，次の一連のMaximaによる処理と対応づけられる（ただし，固有値を変数 x で表している）。

```
(%i1) a:matrix([2,1],[1,0]);
                              [ 2  1 ]
(%o1)                         [      ]
                              [ 1  0 ]
(%i2) e:(2-x)*(0-x)-1*1;
(%o2)                      - (2 - x) x - 1
(%i3) sol:solve(e=0, x);
(%o3)              [x = 1 - sqrt(2), x = sqrt(2) + 1]
(%i4) rhs(sol[1]);
(%o4)                         1 - sqrt(2)
(%i5) rhs(sol[2]);
(%o5)                         sqrt(2) + 1
```

逆行列の計算については，Maximaの逆行列を求めるためのコマンド`invert`を用いて，解答の手引きを作成している。

5.6.2 解答欄の設定

入力・選択内容は表 5.19 のとおりとする。

表5.19 Sample 10 の解答欄の設定

解答欄 ID	ans1	ans2
入力形式	数式	行列
正答	setify(eigenvalues(A)[1])	invert(A)
入力欄のサイズ	30	5
禁止ワード	eigenvalues, solve	invert

固有値を求める問題の解答（ans1）の正答として，setify(eigenvalues(A)[1]) としていることについて，補足しておく。

- eigenvalues は Maxima による，行列の固有値を求めるコマンドで，固有値と，各固有値の重複度をリスト形式で返す。例えば，固有値が λ_1, λ_2 で，ともに重複度が 1 の場合，

$$[[\lambda_1, \lambda_2], [1, 1]]$$

という結果が返ってくる。
- eigenvalues(A)[1] によりリスト $[[\lambda_1, \lambda_2], [1, 1]]$ の 1 番目の要素としてのリスト $[\lambda_1, \lambda_2]$ が得られる。
- setify はリストの要素から集合を構成するコマンドで，$[\lambda_1, \lambda_2]$ を $\{\lambda_1, \lambda_2\}$ に変換する。

この手順を組み合わせることにより，eigenvalues で求めた固有値を，集合の形式で求めることが可能となる。この手順は，次の一連の Maxima による処理と対応づけられる。

```
(%i1)  a:matrix([2,1],[1,0]);
                                    [ 2  1 ]
(%o1)                               [      ]
```

```
                            [ 1  0 ]
(%i2) ev:eigenvalues(a);
(%o2)             [[1 - sqrt(2), sqrt(2) + 1], [1, 1]]
(%i3) ev_1:ev[1];
(%o3)                   [1 - sqrt(2), sqrt(2) + 1]
(%i4) setify(ev_1);
(%o4)                   {1 - sqrt(2), sqrt(2) + 1}
(%i5)
```

なお，最終的に集合の形式にしているのは，学生が解答する固有値の順番に依存せず，正誤判定を行いたいからである．

5.6.3 ポテンシャル・レスポンス・ツリー

固有値の問題については，1つだけでも正答であれば部分点を与えることとし，逆行列の問題では正誤評価のみとするような独立したポテンシャル・レスポンス・ツリーを2つ構成する．

ans1 に関するポテンシャル・レスポンス・ツリー A1（表 5.20 参照）では，フィードバック変数として

    ev = setify(eigenvalues(A)[1])
    is = intersection(ans1, ev)

を定義しておく．ここで，intersection は Maxima のコマンドで，集合の積を求めるものである．

ポテンシャル・レスポンス No: 1 で，emptyp(is) により，学生の解答と正答との共通要素が存在するかどうかを調べている．No: 1 に移った時点で，学生の解答と正答との共通要素の数は 1 か 0 なので，emptyp(is) が True の場合は共通要素がなく，不正解で点数は 0，False の場合は共通要素が 1 つなので，点数は部分点として 0.5 点としている．

ans2 に関するポテンシャル・レスポンス・ツリー A2（表 5.21 参照）では，フィードバック変数として

    B = A.ans2

を定義しておく．誤答の場合のフィードバックとして，行列 A と A^{-1} としての学生の解答 ans2 との積が単位行列にならないことを示すために用意した変数である．

表5.20　Sample 10 のポテンシャル・レスポンス・ツリー A1 の入力内容

A1

フィードバック変数	`ev = setify(eigenvalues(A)[1])` `is = intersection(ans1,ev)`

No: 0

評価対象	`ans1`
評価基準	`ev`
評価関数	代数等価
False　次のポテンシャル・レスポンス	1

No: 1

評価対象	`emptyp(is)`
評価基準	`true`
評価関数	代数等価
True　点数	0
False　点数	0.5

表5.21　Sample 10 のポテンシャル・レスポンス・ツリー A2 の入力内容

A2

フィードバック変数	`B = A.ans2`

No: 0

評価対象	`ans2`
評価基準	`invert(A)`
評価関数	代数等価
False　フィードバック	あなたの解答@ans2@を用いると, \[@A@ \times @ans2@ = @B@ \] となり，単位行列となりません。

5.7 　微分方程式の問題（1）——非同次 1 階微分方程式

微分方程式をオンラインテストとして扱う場合，学生の解答が正答か誤答かを判断するために次のことを検証する必要がある。

- 学生の解答が微分方程式を満たしているかどうか。
- 初期条件など与えられていない場合，正しい数の任意定数を含む一般解の形式として解答が与えられているかどうか。

単純な正誤評価にとどまらず，解の形式まで判断することが求められる上記のような検証は数式処理を利用しない限り困難であり，e ラーニングのオンラインテストの問題として扱われている例はほとんど見られない。STACK では Maxima を利用することにより，学生の解答を柔軟に評価することが可能となり，様々なフィードバックを適切に返すことにより，学習効果を高めることが期待できる。ただし，そのためには，緻密に問題とポテンシャル・レスポンス・ツリーを設計することが求められるので，ここでは，いくつかの微分方程式の問題を取り上げ，どのように問題を作成し，ポテンシャル・レスポンス・ツリーを設計していくかを紹介する。

まず，次のような非同次 1 階微分方程式の問題を考えよう。

次の微分方程式の一般解を求めよ。
$$\frac{d}{dx}y(x) - y(x) = -4e^{4x}$$
$y(x) = \boxed{}$

5.7.1　問題文の作成

問題の編集画面で，表 5.22 のとおり入力する。

まず，乱数によって設定された a, b, c により，微分方程式

$$\frac{d}{dx}y(x) + ay(x) = be^{cx} \tag{5.1}$$

を問題として出題する。この微分方程式の一般解は，同次微分方程式

$$\frac{d}{dx}y(x) + ay(x) = 0 \tag{5.2}$$

表5.22 Sample 11 の問題編集画面の入力内容

問題名	Sample 11
説明	非同次 1 階微分方程式
変数	a = rand([-1,1])*(rand(5)+1) b = rand([-1,1])*(rand(5)+1) c = rand([-1,1])*(rand(5)+1) d = C*exp(-a*x) e = if -a=c then A*x*exp(c*x) else A*exp(c*x) f = if -a=c then A*exp(c*x) = b*exp(c*x) else (A*c+A*a)*exp(c*x) = b*exp(c*x) g = if -a=c then b else b/(a+c) h = g*e/A q = 'diff(y(x),x)+a*y(x) = b*exp(c*x) ql = 'diff(y(x),x)+a*y(x) qr = b*exp(c*x) ta = d+h
問題文	次の微分方程式の一般解を求めよ。 \[@q@ \] $y(x)=$#ans#
解答の手引き	微分方程式 \[@q@\] の一般解は，同次微分方程式 \[@ql@ = 0\] の一般解$y_g(x)$と，非同次微分方程式 \[@q@\] の特殊解$y_s(x)$との和として求まる。 まず，任意定数をCとして， \[y_g(x)=@d@\] である。また，$y_s(x)$を求めるために，$y_s(x)=@e@$として，同次微分方程式に代入すると， \[@f@\] すなわち $A=@g@$ となり， \[y_s(x)=@h@\] 以上より，求める一般解は \[y(x)=@ta@\] である。

の一般解 $y_g(x)$ と，非同次微分方程式 (5.1) の特殊解 $y_s(x)$ との和として構成されることが知られている[*1]。なお，微分方程式 (5.1) は変数 q として指定している。そして，変数 q では，微分を 'diff のようにクォートされた名詞形式を使って定義してい

[*1] 微分方程式の教科書（例えば [56]）参照のこと。

る。微分が実行されることを抑制するためである。

まず，(5.2) の一般解は C を任意定数として $y_g(x) = Ce^{-ax}$ となる（変数 d として指定）。次に (5.1) の特殊解については，$-a = c$ の場合と $-a \neq c$ の場合とについて考えなければならない。$-a = c$ の場合，特殊解を $y_s(x) = Axe^{cx}$ とし，$-a \neq c$ の場合，特殊解を $y_s(x) = Ae^{cx}$ とする。これらの特殊解を，変数 e として場合分けして指定している。特殊解を (5.1) に代入し A についての方程式を立て（変数 f として指定），A について解くと，$-a = c$ の場合 $A = b$ となり，$-a \neq c$ の場合 $A = \dfrac{b}{a+c}$ となる（変数 g として指定）。したがって，特殊解は $y_s(x) = bxe^{cx}$ または $y_s(x) = \dfrac{b}{a+c}e^{cx}$ となる（変数 h として指定）。以上より，微分方程式 (5.1) の一般解は $y(x) = y_g(x) + y_s(x)$（変数 ta として指定）と計算される。この手順が「解答の手引き」で記述されている。

5.7.2 解答欄の設定

入力・選択内容は表 5.23 のとおりとする。禁止ワードとして，微分方程式の解を求めるための Maxima のコマンド，`desolve`, `ode2` を指定している。

表5.23 Sample 11 の解答欄の設定

正答	ta
禁止ワード	desolve, ode2

5.7.3 ポテンシャル・レスポンス・ツリー

微分方程式の問題では，次の 2 点について評価を行うこととする。

1. 学生の解答は微分方程式を満たしているかどうか。
2. 学生の解答が微分方程式を満たしている場合，任意定数を含んだ一般解の形式になっているかどうか。

1. の評価のために，学生の解答を微分方程式の左辺に代入し，その結果が右辺に等しいかどうかを判定し，等しい場合は任意定数を含んでいるかどうかの 2. の判定に移り，等しくない場合はその旨フィードバックを返すこととする。

まず，フィードバック変数として

```
p = ev(ql,y(x)=ans,nouns,fullratsimp)
l = setify(listofvars(ans))
l = setdifference(l,set(x))
l = listify(l)
lv = length(l)
```

を定義し，表 5.24 のようにポテンシャル・レスポンス・ツリーを構成する．

表5.24 Sample 11 のポテンシャル・レスポンス・ツリーの入力内容

フィードバック変数	`p = ev(ql,y(x)=ans,nouns,fullratsimp)`
	`l = setify(listofvars(ans))`
	`l = setdifference(l,set(x))`
	`l = listify(l)`
	`lv = length(l)`

No: 0

評価対象		p
評価基準		qr
評価関数		代数等価
True	点数	1
	次のポテンシャル・レスポンス	1
False	点数	0
	次のポテンシャル・レスポンス	-1
	フィードバック	あなたの解答は微分方程式を満たしていなければなりません．しかし，あなたの解答を微分方程式の左辺に代入した結果\[@p@\]となり，これは恒等的には\[@qr@\]になりません．

No: 1

評価対象		lv
評価基準		1
評価関数		代数等価
True	点数	1
	次のポテンシャル・レスポンス	-1
False	点数	0.5
	次のポテンシャル・レスポンス	-1
	フィードバック	解答は任意定数を含んだ一般解の形でなければなりません．あなたの解答は確かに与えられた微分方程式を満たしますが，任意定数が含まれていません．

5.7 微分方程式の問題（1）——非同次1階微分方程式

ポテンシャル・レスポンス No: 0 では，微分方程式の左辺に学生の解答を代入した結果（フィードバック変数 p）が，微分方程式の右辺（変数 qr）に等しいかどうかの判定を，Maxima の ev コマンドを利用して行っている．ここで使われている ev コマンドでは，微分方程式の左辺（変数 ql）に，学生の解答（y(x)=ans）を代入し，オプションとして，ql に含まれる名詞形式の微分を評価するために nouns を，式を簡単化するために fullratsimp を加えている．このポテンシャル・レスポンスが true の場合，任意定数が含まれているかどうかの評価（ポテンシャル・レスポンス No. 1）に移り，false の場合，微分方程式を満たしていない旨のフィードバックを返して終了する．

ポテンシャル・レスポンス No: 1 では，フィードバック変数 lv が 1 であるか否かによって学生の解答に任意定数が含まれているかどうかの判定を行っている．lv は次のように求められる．

1. `setify(listofvars(ans))` により，ans に含まれる文字からなるリストを生成し，そのリストの要素から集合を構成する．
2. `setdifference(l,set(x))` により，1. で構成された集合から，要素 x を除く．
3. `listify(l)` により，2. で構成された集合の要素からリストを構成する．これが，任意定数を要素とするリストとなる．
4. `length(l)` により，3. で構成されたリストの要素数 lv を返す．

例として，学生の解答（ans）が $Ce^{3x} - e^x$ である場合の，Maxima による実行結果は次のとおりである．

```
(%i1) ans:C*exp(3*x)-exp(x);
                                   3 x      x
(%o1)                            %e    C - %e
(%i2) l:setify(listofvars(ans));
(%o2)                              {x, C}
(%i3) l:setdifference(l, set(x));
(%o3)                                {C}
(%i4) l:listify(l);
(%o4)                                [C]
(%i5) lv:length(l);
(%o5)                                 1
```

このように，最終的に任意定数の数が返されることになり，これが 1 に等しい場合は正答，そうでない場合は任意定数が含まれていないと判定し，部分点 0.5 点を与えて，以下のフィードバックを返すことになる。

> 解答には任意定数を含んだ一般解の形でなければなりません。あなたの解答は確かに与えられた微分方程式を満たしますが，任意定数が含まれていません。

5.8 　微分方程式の問題 (2) ——同次 2 階微分方程式

線形の定数係数同次 2 階微分方程式は，2 つの基本解の線形和で構成される。この問題を STACK で扱ってみよう。

次の微分方程式の一般解を求めよ。
$$\frac{d^2}{dx^2}y(x) - 3\frac{d}{dx}y(x) + 2y(x) = 0$$
$y(x) = \boxed{}$

5.8.1 　問題文の作成

問題の編集画面で，表 5.25 のように入力する。

この問題では，まず乱数によって定められた a, b により基本解 e^{ax}, e^{bx} を定義し，これらの基本解を持つように微分方程式を構成している。つまり，a, b から $c = -(a+b), d = ab$ とし，微分方程式を

$$\frac{d^2}{dx^2}y(x) + c\frac{d}{dx}y(x) + dy(x) = 0 \tag{5.3}$$

とした。また，簡単のため基本解が重複しないようにしている。

解答の手引きは，次のような構成となっている。微分方程式 (5.3) の解を $y(x) = e^{\lambda x}$ と仮定し (5.3) に代入すると，

$$e^{\lambda x}(\lambda^2 + c\lambda + d) = 0$$

となる。$e^{\lambda x} \neq 0$ であるから，特性方程式

表5.25 Sample 12 の問題編集画面の入力内容

問題名	Sample 12
説明	同次2階微分方程式
変数	a = rand([-1,1])*(rand(3)+1) b = a+rand([-1,1])*(rand(6)+1) c = -1*(a+b) d = a*b q = 'diff(y(x),x,2)+c*'diff(y(x),x)+d*y(x) ta = A*e^(a*x)+B*e^(b*x)
問題文	次の微分方程式の一般解を求めよ。 \[@q@ =0 \] $y(x)=$#ans#
解答の手引き	微分方程式 \[@q@ = 0\] の解を $y(x)=e^{\lambda x}$ と仮定し代入することにより， \[e^{\lambda x} (\lambda^2+@c@ \lambda + @d@) = 0\] となり，$e^{\lambda x} \ne 0$ であることより，特性方程式 \[\lambda^2+@c@ \lambda +@d@ = 0 \] が成り立つ。これから，λ = @a@, @b@と解け，微分方程式の基本解として \[y(x) = e^{@a@x}, e^{@b@x}, \] が得られる。したがって，微分方程式の一般解はそれらの線形和として， \[y(x) = @ta@ \] となる。ただし，A, Bは任意定数である。

$$\lambda^2 + c\lambda + d = 0$$

が得られ，これを λ について解いた解 λ_1, λ_2 （実際には a, b となる）から，基本解は $y(x) = e^{\lambda_1 x}, e^{\lambda_2 x}$ となり，微分方程式 (5.3) の一般解は

$$y(x) = Ae^{\lambda_1 x} + Be^{\lambda_2 x}$$

となる。ただし，A, B は任意定数である。

5.8.2 解答欄の設定

入力・選択内容は表 5.26 のとおりとする。

表5.26 Sample 12 の解答欄の設定

正答	`ta`
禁止ワード	`desolve, ode2`

5.8.3 ポテンシャル・レスポンス・ツリー

2階微分方程式の問題では，一般解は2つの任意定数を含む必要があるが，そのことに関連し，この問題ではやや複雑なポテンシャル・レスポンス・ツリーを構成することになる。評価の流れは表 5.27 のとおりである。

まず，フィードバック変数として次のものを定義する。

```
p  = ev(q,y(x)=ans,nouns,fullratsimp)
l  = setify(listofvars(ans))
l  = setdifference(l,set(x))
l  = listify(l)
lv = length(l)
```

表5.27 Sample 12 のポテンシャル・レスポンス・ツリーの概要

No: 0	学生の解答が微分方程式を満たしているかどうか。 満たしている場合 No: 1 へ。満たしていない場合誤答として終了。
No: 1	任意定数が2つ含まれているかどうか。 2つ含まれている場合 No: 2 へ。2つ含まれていない場合 No: 3 へ。
No: 2	解答が2つの基本解の線形和で構成されているかどうか。 構成されていない場合，例えば1つの基本解 $e^{\lambda_1 x}$ のみを用いて，$y(x) = Ae^{\lambda_1 x} + Be^{\lambda_1 x}$ のような形式で解答が与えられている場合，部分点 0.5 を与えて終了。構成されている場合正答として終了。
No: 3	任意定数が1つ含まれているかどうか。 1つ含まれている場合 No: 4 へ。含まれていない場合 No: 5 へ。
No: 4	学生の解答の項数が2であるかどうか。 2である場合，学生の解答が $y(x) = Ae^{\lambda_1 x} + e^{\lambda_2 x}$ のように1つ任意定数をつけ忘れていると予想されるので，部分点 0.7 を与えて終了。2でない場合，学生の解答が $y(x) = Ae^{\lambda_1 x}$ あるいは $y(x) = Ae^{\lambda_2 x}$ の形式と考えられるので部分点 0.5 を与えて終了。
No: 5	学生の解答の項数が2であるかどうか。 2である場合，学生の解答が $y(x) = e^{\lambda_1 x} + e^{\lambda_2 x}$ であると予想されるので，部分点 0.5 を与えて終了。2でない場合，No: 6 へ。
No: 6	学生の解答が0であるかどうか。 0の場合，部分点 0.1 を与えて終了。0でない場合，学生の解答が $y(x) = e^{\lambda_1 x}$ あるいは $y(x) = e^{\lambda_2 x}$ であると考えられるので部分点 0.3 を与えて終了。

```
b0 = ev(ans,x=0,fullratsimp)
b1 = ev(ans,x=1,fullratsimp)
m  = if b1#0 then fullratsimp(b0/b1) else 0
m  = float(m)
```

これらのフィードバック変数を使って，次のようなポテンシャル・レスポンス・ツリーを構成する。

ポテンシャル・レスポンス No: 0（表 5.28）では Maxima の ev コマンドを利用して，学生の解答を微分方程式に代入した結果（フィードバック変数 p）が，0 であるかどうか，つまり微分方程式の等号が恒等的に成立するかどうかを評価している。前節のポテンシャル・レスポンス No: 0 とほぼ同様である。

ポテンシャル・レスポンス No: 1（表 5.29）では，学生の解答に含まれる任意定数

表5.28 Sample 12 のポテンシャル・レスポンス No: 0 の入力内容

No: 0

評価対象		p
評価基準		0
評価関数		代数等価
True	点数	1
	次のポテンシャル・レスポンス	1
False	点数	0
	次のポテンシャル・レスポンス	-1
	フィードバック	あなたの解答は微分方程式を満たしていなければなりません。しかし，あなたの解答を\[@q@\] に代入した結果\[@p@\] となり，これは恒等的には 0 になりません。

表5.29 Sample 12 のポテンシャル・レスポンス No: 1 の入力内容

No: 1

評価対象		lv
評価基準		2
評価関数		代数等価
True	点数	1
	次のポテンシャル・レスポンス	2
False	点数	0
	次のポテンシャル・レスポンス	3

の数を評価している。前節のポテンシャル・レスポンス No: 1 とほぼ同様である。

ポテンシャル・レスポンス No: 2（表 5.30）では，前のポテンシャル・レスポンス No: 0，No: 1 で，学生の解答が微分方程式を満たしており，かつ任意定数が 2 つ含まれていても，解答が 2 つの基本解の線形和で構成されているかどうかを評価している。具体的には，たとえ任意定数が 2 つ含まれていても，例えば 1 つの基本解 $e^{\lambda_1 x}$ のみを用いて，$y(x) = Ae^{\lambda_1 x} + Be^{\lambda_1 x}$ のような形式で解答が与えられている場合の切り分けが行われている。

もし，学生の解答が $y(x) = Ae^{\lambda_1 x} + Be^{\lambda_1 x}$ のように任意定数は（見かけ上）2 つであるが，基本解が 1 つしか使われていない場合，$x = 0, 1$ を代入したそれぞれの結果 $b_0 = A + B, b_1 = e_1^{\lambda}(A + B)$ から得られる $\dfrac{b_0}{b_1} = \dfrac{1}{e_1^{\lambda}}$ は数値となる。それに対し，正答 $y(x) = Ae^{\lambda_1 x} + Be^{\lambda_2 x}$ の場合，$x = 0, 1$ を代入したそれぞれの結果 $b_0 = A + B, b_1 = Ae^{\lambda_1} + Be^{\lambda_2}$ から得られる $\dfrac{b_0}{b_1} = \dfrac{A + B}{Ae_1^{\lambda} + Be_2^{\lambda}}$ には文字 A, B が含まれており，数値にはならない。ポテンシャル・レスポンス No: 2 では，b_0/b_1 が数値であるかどうかを判定するために，Maxima の `numberp` コマンドが用いられている。`numberp(expr)` は，`expr` が文字リテラルか，有理数か，浮動小数点数か，ビッグフロートなら true を，そうでなければ false を返す。

ポテンシャル・レスポンス No: 3（表 5.31）は，ポテンシャル・レスポンス No: 1 で，任意定数の数が 2 でない場合を受けてのポテンシャル・レスポンスである。ここでは，任意定数の数が 1 かどうかの判定を行っているが，1 の場合，次のポテンシャル・レスポンス No: 4 に移り，1 でない場合，次のポテンシャル・レスポンス No: 5

表 5.30　Sample 12 のポテンシャル・レスポンス No: 2 の入力内容

No: 2

評価対象		`numberp(m)`
評価基準		true
評価関数		代数等価
True	点数	0.5
	次のポテンシャル・レスポンス	-1
	フィードバック	一般解は，2 つの互いに独立な基本解の線形和として表されなければなりませんが，あなたの解答では 1 つの基本解しか使われていません。
False	点数	1
	次のポテンシャル・レスポンス	-1

表5.31　Sample 12 のポテンシャル・レスポンス No: 3 の入力内容

No: 3		
評価対象		lv
評価基準		1
評価関数		代数等価
True	点数	1
	次のポテンシャル・レスポンス	4
False	点数	1
	次のポテンシャル・レスポンス	5

に移る．

ポテンシャル・レスポンス No: 4（表5.32）はポテンシャル・レスポンス No: 3 で，任意定数の数が 1 である場合を受けてのポテンシャル・レスポンスである．この段階で考えられる解答の形式は，$y(x) = Ae^{\lambda_1 x} + e^{\lambda_2 x}$ のように 2 つの基本解が用いられているが，任意定数が一方にしか付けられていない場合と，$y(x) = Ae^{\lambda_1 x}$ のように 1 つの基本解しか用いられていない場合である．これらは，Maxima の **nterms** コマンドを用いて，解答の項数が 2 であるかどうかによって判定している．項数が 2 である

表5.32　Sample 12 のポテンシャル・レスポンス No: 4 の入力内容

No: 4		
評価対象		nterms(ans)
評価基準		2
評価関数		代数等価
True	点数	0.7
	次のポテンシャル・レスポンス	-1
	フィードバック	解答は任意定数を含んだ一般解の形でなければなりません．あなたの解答は確かに与えられた微分方程式を満たしますが，任意定数が足りません．
False	点数	0.5
	次のポテンシャル・レスポンス	-1
	フィードバック	一般解は，2 つの互いに独立な基本解の線形和として表されなければなりません．あなたの解答は確かに与えられた微分方程式を満たしますが，1 つの基本解しか使われていません．

表5.33 Sample 12 のポテンシャル・レスポンス No: 5 の入力内容

No: 5		
評価対象		nterms(ans)
評価基準		2
評価関数		代数等価
True	点数	0.5
	次のポテンシャル・レスポンス	-1
	フィードバック	解答は任意定数を含んだ一般解の形でなければなりません．あなたの解答は確かに与えられた微分方程式を満たしますが，任意定数が含まれていません
False	点数	0
	次のポテンシャル・レスポンス	6

場合は部分点 0.7，そうでない場合，項数は 1 であると考えられるので部分点 0.5 を与えて終了する．

ポテンシャル・レスポンス No: 5（表 5.33）は，ポテンシャル・レスポンス No: 3 で，任意定数の数が 1 でない場合，つまり任意定数が含まれない場合を受けてのポテンシャル・レスポンスである．この段階で考えられる解答の形式は，$y(x) = e^{\lambda_1 x} + e^{\lambda_2 x}$ のように 2 つの基本解が用いられているが，任意定数が付けられていない場合と，$y(x) = e^{\lambda_1 x}$ のように任意定数がなく，かつ 1 つの基本解しか用いられていない場合，そして $y(x) = 0$ という特殊な場合である．解答の項数が 2 である場合に，2 つの基本解が用いられているが，任意定数が付けられていない場合と判断し，0.5 の部分点を与えて終了し，それ以外の場合は，ポテンシャル・レスポンス No: 6 に移る．

最後のポテンシャル・レスポンス No: 6（表 5.34）は解答が $y(x) = 0$ という特殊な場合と，$y(x) = e^{\lambda_1 x}$ のように任意定数がなく，かつ 1 つの基本解しか用いられていない場合とのどちらであるかの判定である．それぞれ，部分点 0.1，0.3 を与えて終了する．

表5.34 Sample 12 のポテンシャル・レスポンス No: 6 の入力内容

No: 6		
評価対象		ans
評価基準		0
評価関数		代数等価
True	点数	0.1
	次のポテンシャル・レスポンス	-1
	フィードバック	$y(x) = 0$ は自明な解です。一般解を求めてください。
False	点数	0.3
	次のポテンシャル・レスポンス	-1
	フィードバック	解答は任意定数を含んだ一般解の形でなければなりません。あなたの解答は確かに与えられた微分方程式を満たしますが，任意定数が含まれていませんし，1つの基本解しか使われていません。

5.9 微分方程式の問題（3）——連立微分方程式

微分方程式の最後の例題として，連立微分方程式を取り上げよう。この問題では，非線形連立微分方程式を，平衡点のまわりで展開し，係数行列の固有値を求めることにより，平衡点の安定性を判定することを問うものとする。

> 次の連立微分方程式について考えよう。
> $$\frac{d}{dt}x(t) = x(t) - x(t)y(t)$$
> $$\frac{d}{dt}y(t) = 3x(t)y(t) - y(t)$$
>
> 1. $[0,0]$ 以外の平衡点を求めよ。
> $\boxed{[?,?]}$ ($[a,b]$ の形式で入力せよ)
> 2. 1.で求めた平衡点のまわりで微分方程式を線形化し，
> $$\frac{d}{dt}\vec{w} = A\vec{w}$$

を得た。行列 A を求めよ。

ただし，平衡点を $[x_0, y_0]$ としたとき $u = x - x_0, v = y - y_0, |u|, |v| \ll 1$ であり，

$$\vec{w} = \begin{bmatrix} u(t) \\ v(t) \end{bmatrix}$$

とする。

$A = \boxed{\texttt{matrix([?,?],[?,?])}}$

3. 行列 A の固有値を求めよ。

$\boxed{\{?,?\}}$ （$\{\lambda_1, \lambda_2\}$ の形式で入力せよ）

4. 1. で求めた平衡点は安定（○）であるか不安定（×）であるか判定せよ。
（true, false のドロップダウンリスト）

5.9.1 問題文の作成

問題の編集画面で，表 5.35 のとおり入力する。問題文では，HTML タグを利用しているが，詳細は付録 D.4 節を参照のこと。

この問題の流れは次のとおりである。連立微分方程式を

$$\frac{d}{dt}x(t) = ax(t) - bx(t)y(t)$$

$$\frac{d}{dt}y(t) = cx(t)y(t) - dy(t)$$

として，a, b, c, d を乱数によって決定している（ただし，0 とならないようにした）。なお，この連立微分方程式は $a, b, c, d > 0$ のとき，捕食者と被捕食者の個体数の変化を表すロトカ・ボルテラ方程式[56]となる。まず，平衡点 $[x_0, y_0]$ は $\dfrac{d}{dt}x(t) = \dfrac{d}{dt}y(t) = 0$ から，$[x_0, y_0] = \left[\dfrac{d}{c}, \dfrac{a}{b}\right]$ となる。そして，$u = x - x_0, v = y - y_0$ とすると $|u|, |v| \ll 1$ のとき，

$$cxy - dy = a\left(u + \frac{d}{c}\right) - b\left(u + \frac{d}{c}\right)\left(v + \frac{a}{b}\right) = -\frac{bd}{c}v - buv \simeq -\frac{bd}{c}v$$

$$ax - bxy = c\left(u + \frac{d}{c}\right)\left(v + \frac{a}{b}\right) - d\left(v + \frac{a}{b}\right) = \frac{ac}{b}v + cuv \simeq \frac{ac}{b}v$$

表5.35 Sample 13 の問題編集画面の入力内容

問題名	Sample 13
説明	連立微分方程式
変数	a = rand([-1,1])*(rand(3)+1) b = rand([-1,1])*(rand(3)+1) c = rand([-1,1])*(rand(3)+1) d = rand([-1,1])*(rand(3)+1) de1 = 'diff(x(t),t)=a*x(t)-b*x(t)*y(t) de2 = 'diff(y(t),t)=c*x(t)*y(t)-d*y(t) ta1 = [d/c, a/b] ta2 = matrix([0, -d*b/c], [a*c/b, 0]) ta3 = setify(eigenvalues(ta2)[1]) ta4 = if a*d > 0 then true else false
問題文	次の連立微分方程式について考えよう。 \[@de1@\] \[@de2@\] <ol> <li>[0,0] 以外の平衡点を求めよ。
 #ans1# （[a, b] の形式で入力せよ）</li> <li>1 で求めた平衡点のまわりで微分方程式を線形化し， \[\frac{d}{dt}\vec{w}=A\vec{w}\] を得た。行列Aを求めよ。
 ただし，平衡点を$[x_0, y_0]$としたとき$u=x-x_0, v=y-y_0, \|u\|, \|v\| \ll 1$ であり，\[\vec{w}=@matrix([u(t)],[v(t)])@\] とする。
 $A=$#ans2#</li> <li>行列Aの固有値を求めよ。
 #ans3# （{λ_1, λ_2}の形式で入力せよ）</li> <li>1 で求めた平衡点は安定 (○) であるか不安定 (×) であるか判定せよ。
 #ans4# </li> </ol>

と線形化される。ただし，煩雑さを避けるため $x(t)$ を x のように記述している。つまり

$$\frac{d}{dt}\begin{bmatrix}u\\v\end{bmatrix}=\begin{bmatrix}0 & bd/c\\ac/b & 0\end{bmatrix}\begin{bmatrix}u\\v\end{bmatrix}$$

となり

$$\vec{w}=\begin{bmatrix}u\\v\end{bmatrix},\quad A=\begin{bmatrix}0 & bd/c\\ac/b & 0\end{bmatrix}$$

として
$$\frac{d}{dt}\vec{w} = A\vec{w}$$
となる。A の固有値は $\lambda^2 + ad = 0$ の解として得られ（ただし，問題文中では，Maxima の eigenvalues コマンドを用いて固有値を計算している），固有値は $ad > 0$ のとき $\pm i\sqrt{ad}$ となり，$ad < 0$ のとき $\pm\sqrt{-ad}$ となる。前者の場合平衡点は安定であり，後者の場合は不安定となる。

5.9.2 解答欄の設定

入力・選択内容は表 5.36 のとおりとする。

表5.36 Sample 13 の解答欄の設定

解答欄 ID	ans1	ans2	ans3	ans4
入力形式	数式	数式	数式	○/×
正答	ta1	ta2	ta3	ta4
入力欄のサイズ	15	30	15	15
書式のヒント	[?,?]	matrix([?,?],[?,?])	{?,?}	
禁止ワード	solve		eigenvalues	

5.9.3 ポテンシャル・レスポンス・ツリー

ここでは，単純に正誤評価のみとし，表 5.37 のような ans1〜ans4 に対応したポテンシャル・レスポンス・ツリー ans1〜ans4（それぞれのポテンシャル・レスポンスは No: 0 のみである）を構成した。

表5.37 Sample 13 のポテンシャル・レスポンス・ツリーの入力内容

解答欄 ID	ans1	ans2	ans3	ans4
評価対象	ans1	ans2	ans3	ans4
評価基準	ta1	ta2	ta3	ta4
評価関数	代数等価	代数等価	代数等価	代数等価

5.10 力学の問題

これまで数学の問題を扱ってきたが，STACK は物理学などの文字式を含む問題にも適応可能である[*2]。ここでは，以下に示す，基本的な力学の問題を取り上げて作成例を見てみよう。問題設定を示す図の挿入も HTML 形式で可能である。

質量 m の質点（質点 m とする）が，速度 v で質量 M の質点（質点 M とする）に衝突した。衝突後，質点 M は斜面を h の高さまで登り，落ちてきた。以下の問に答えよ。ただし，質点の衝突は完全弾性衝突とし，質点の運動については一切摩擦などは考えない。また，重力加速度を g とする。

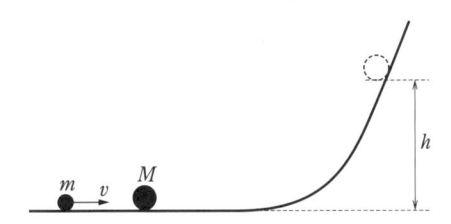

1. 衝突直後の質点 m，質点 M の速度（それぞれ，v_m, v_M とする）を求めよ。ただし，右方向を正とする。
   $v_m = \boxed{}$
   $v_M = \boxed{}$
2. h を m, M, v, g を用いて表せ。
   $h = \boxed{}$

5.10.1 問題文の作成

問題の編集画面で，表 5.38 のとおり入力する。

この問題では問題設定を示す図を表示するために，HTML の `<img>` タグで，画像を挿入している。5.1 節では `plot` コマンドを用いてグラフを挿入したが，ここでは外部ファイルとして用意された画像（fig.png）が用いられている。あらかじめ Moodle の

[*2] 付録 C.7 節で触れているように，評価関数として単位付きの数値に関するテストがまだ実装されていないが，これが実現すれば，さらに物理学の問題の作成の幅も広がるであろう。

表5.38 Sample 14 の問題編集画面の入力内容

問題名	Sample 14
説明	力学
変数	a = -v*(M-m)/(M+m) b = 2*m*v/(M+m) c = 1/(2*g)*b^2
問題文	質量\$m\$の質点（質点\$m\$とする）が，速度\$v\$ で質量\$M\$の質点（質点\$M\$とする）に衝突した。衝突後，質点\$M\$は斜面を\$h\$の高さまで登り，落ちてきた。以下の問に答えよ。ただし，質点の衝突は完全弾性衝突とし，質点の運動については一切摩擦などは考えない。また，重力加速度を\$g\$とする。 <center> <img src="http://ja-stack.org/file.php/2/fig.png" /> </center> <ol> <li>衝突直後の質点\$m\$, 質点\$M\$の速度（それぞれ，\$v_m\$, \$v_M\$とする）を求めよ。ただし，右方向を正とする。
 \$v_m\$ = #ans1#
 \$v_M\$ = #ans2#</li>

 <li>\$h\$を\$m\$, \$M\$, \$v\$, \$g\$を用いて表せ。
 \$h\$ = #ans3# </li> </ol>

管理ブロックの「ファイル」から画像ファイルをアップロードしておく。ここでは，ファイルのパスを http://ja-stack.org/file.php/2/fig.png と仮定している。

1.は，運動量保存則

$$mv = mv_m + Mv_M$$

と，エネルギー保存則

$$\frac{1}{2}mv^2 = \frac{1}{2}mv_m^2 + \frac{1}{2}Mv_M^2$$

とから，v_m, v_M について解いて

$$v_m = v, \quad v_M = 0$$

および

$$v_m = -\frac{v(M-m)}{M+m}, \quad v_M = \frac{2mv}{M+m}$$

となるが，意味ある解は後者となる。これをそれぞれ変数 a, b としている。2. も

エネルギー保存則

$$\frac{1}{2}Mv_M^2 = Mgh$$

から h について解き，v_M に問 1 の結果を代入して

$$h = \frac{1}{2g}v_M^2 = \frac{2m^2v^2}{g(M+m)^2}$$

となる（変数 c）。

5.10.2 解答欄の設定

入力・選択内容は表 5.39 のとおりとする。

表5.39 Sample 14 の解答欄の設定

解答欄 ID	ans1	ans2	ans3
入力形式	数式	数式	数式
正答	a	b	c
入力欄のサイズ	30	30	30
禁止ワード	solve	solve	solve

5.10.3 ポテンシャル・レスポンス・ツリー

この問題でも，単純に正誤評価のみとし，表 5.40 のような ans1〜ans3 に対応したポテンシャル・レスポンス・ツリー ans1〜ans3（それぞれのポテンシャル・レスポンスは No: 0 のみである）を構成した。

表5.40 Sample 14 のポテンシャル・レスポンス・ツリーの入力内容

解答欄 ID	ans1	ans2	ans3
評価対象	ans1	ans2	ans3
評価基準	a	b	c
評価関数	代数等価	代数等価	代数等価

5.11　問題の再利用

4.3 節では，Sample 01 の問題をもとに，Sample 02 の問題を作成した。このように，すでに自ら作成している問題を再利用して新しい問題を作成することはしばしば行われるが，他人が作成した問題を再利用したい場合にはどのようにしたらよいであろうか。ここでは，それに関する 2 つの方法を紹介する。

5.11.1　公開された問題の利用

付録 B.6 節の「公開設定」で示すように，問題を「公開」すると STACK システム内の他のユーザもその問題を利用することが可能となる。まず STACK ブロックの「問題一覧」を選択し，STACK の問題バンクを開く。図 5.11 に見られるように，自ら作成した問題が「あなたの問題一覧」に，他のユーザが作成し「公開」と設定されたものが「公開されている問題」に表示されている。例えば，公開されている問題のうち「Demo1」（id: 212）を自らの問題に取り込みたい場合は，「Demo1」の行の右端近くの「複製」というリンクをクリックする。すると，直ちに「あなたの問題一覧」に「Demo1」が追加される（図 5.12）。ただし，複製された問題も新たな問題とみなされるので，問題 id は新たに自動的につけられる。問題 id は，同一の STACK システム内ではユニークなものなのである。

複製された問題は，そのまま Moodle の問題バンクに追加してもよいし，複製された問題をもとにして，新たな問題に改訂することも可能である。

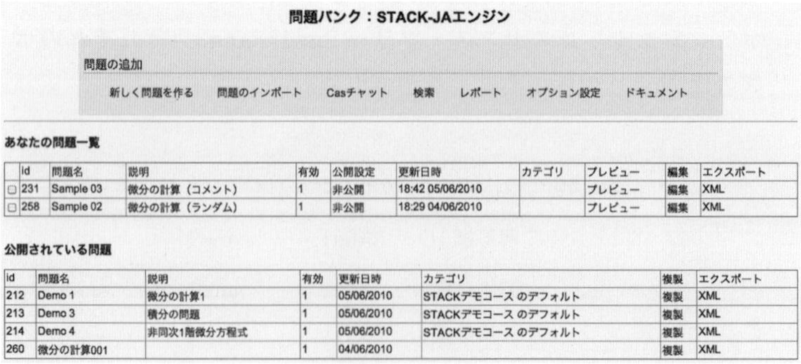

図 5.11　問題一覧

図 5.12 問題の複製

5.11.2 問題のエクスポート・インポート

　前項で示した問題の再利用の方法は，同一の STACK システムに登録されたユーザ間で問題が共有されている場合に利用できる方法である．次に，異なる STACK システムのユーザ間で問題を相互利用する場合の方法について紹介する．

　STACK では作成した問題を XML 形式でエクスポート・インポートすることが可能である．まず，作成した問題をエクスポートする方法について紹介しよう．まず，1つの問題のみをエクスポートする方法について解説する．STACK の問題バンクの問題一覧で，「あなたの問題一覧」に表示されている自分で作成した問題や，「公開されている問題」に表示されている問題の，右端にある「XML」というリンクをクリックする．すると，「問題のエクスポート」という画面に換わり，問題名に xml という拡張子がつけられたファイルへのリンクが表示される．そのリンク先のファイルを保存すればよい（図 5.13 参照）．次に，複数の問題をまとめてエクスポートしたい場合は次のように操作する．ただし，この場合は「あなたの問題一覧」に表示されている自

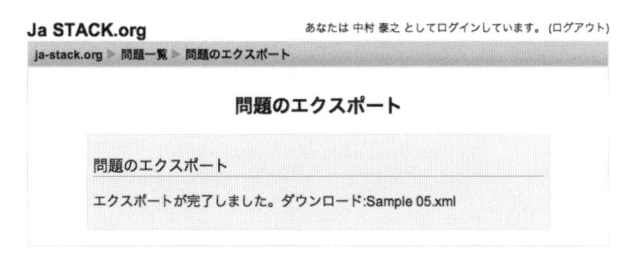

図 5.13　問題の XML 形式でのエクスポート（単一の問題の場合）

分で作成した問題しか適用できないので注意すること。まず，エクスポートしたい問題の左端のチェックボックスにチェックを入れる。次に，同じページの最下部の「選択した問題を……」の下の「エクスポート」ボタンをクリックする。すると，画面がかわり「問題をダウンロードする」というリンクが作成されるので，リンク先のファイル（stack_questions.xml）を保存する（図 5.14 参照）。

次に，XML 形式の問題をインポートする場合には，STACK ブロックの「問題のインポート」，あるいは STACK の問題バンクのページ上部の「問題のインポート」をクリックする。すると，問題のインポートページ（図 5.15 参照）が開くので，インポートしたい問題の XML ファイル名を直接入力するか，「選択」ボタンをクリックしてファイルを選択する。図 5.15 では単一の問題の情報が格納された Sample 01.xml というファイルが選択されている。そして，インポートした問題を直接 Moodle の問題カテゴリに登録したい場合は「問題を追加する問題カテゴリを指定してください」の左にチェックを入れ，カテゴリ名を入力するとよいが，これは後で指定することとし，図 5.15 では，チェックを入れていない。これらの準備が完了したら「送信」ボタンを

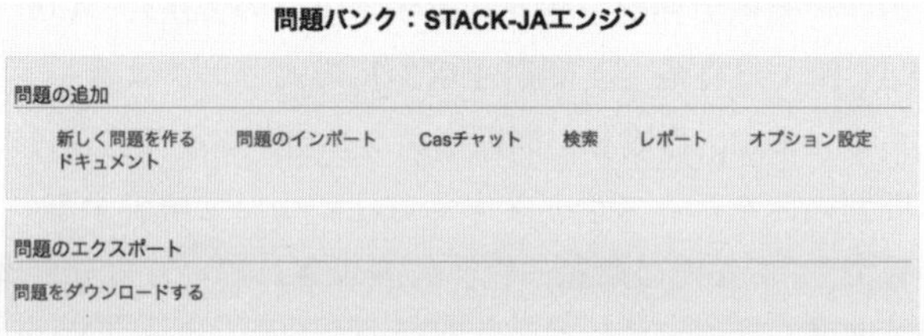

図 5.14　問題の XML 形式でのエクスポート（複数の問題の場合）

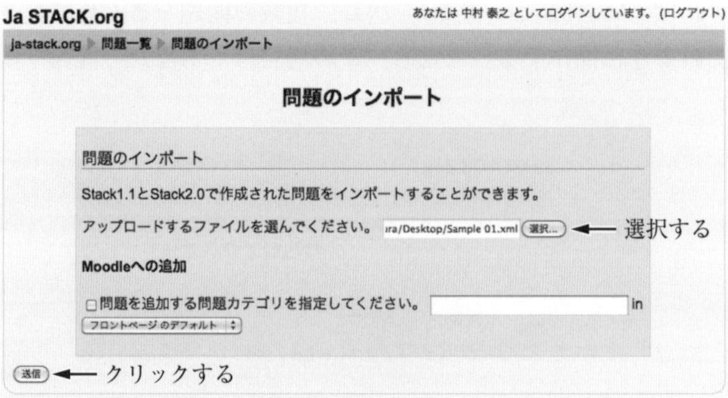

図 5.15　XML 形式の問題のインポート

クリックする．問題が正常にインポートされると図 5.16 の画面に換わる．引き続いて直ちに問題の編集を行う場合は「問題を編集する」のリンクをクリックし，問題の一覧に戻る場合には「続ける」をクリックすれば，問題 id が自動的に新しくつけられた「Sample 01」という問題名の問題が追加されていることが確認できる（図 5.17）．複数の問題の情報が格納された stack_questions.xml というファイルを選択して「送信」ボタンをクリックした場合には，図 5.18 の画面に換わり，この場合には 3 問の問題が新たに追加されたことが確認される．

STACK がインストールされたディレクトリ内に，「sample_questions」というディレクトリがあるが，その中に，いくつかの問題のサンプルが XML 形式で保存されているので，初めて STACK の問題を作成する場合にはそれをインポートして利用するのもよいだろう（ただし，これらの問題は英語である）．また，http://ja-stack.org/ の「STACK デモコース」にも本章で作成した問題の XML 形式のファイルを公開してい

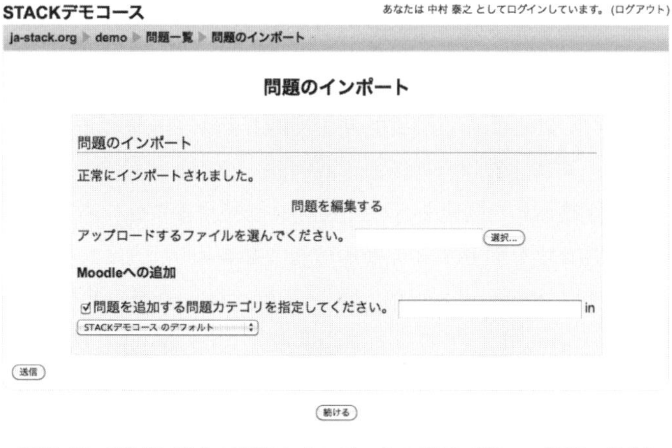

図 5.16 XML 形式の問題のインポートの完了（単一の問題の場合）

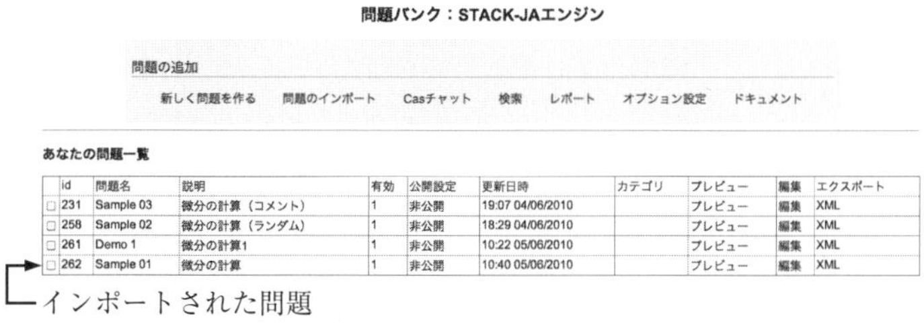

図 5.17 XML 形式の問題のインポートの完了

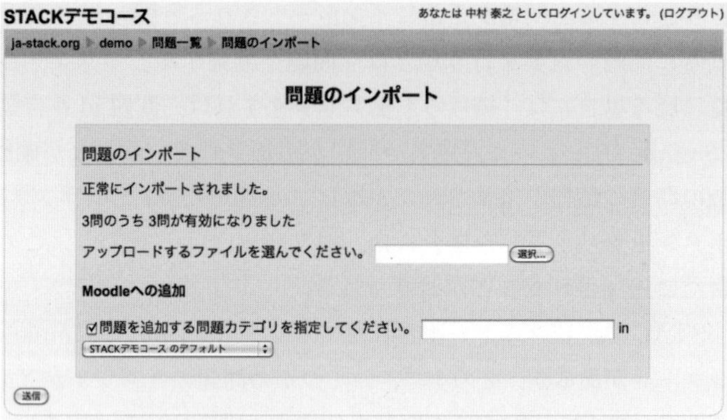

図 5.18　XML 形式の問題のインポートの完了（複数の問題の場合）

る（Sample01.xml～Sample14.xml）．

5.11.3　他のオンラインテストシステムの問題との連携

　STACK 以外にも，数式処理を利用したオンラインテストシステムがいくつか存在するが，それぞれ独自の問題作成方法を採用している．しかし，STACK 以外のシステムで作成された問題を STACK 用に変換すること，あるいはその逆が実現できれば，問題の共有化を促進することが可能となる．

　AiM [14] や Maple T.A. [17] との間では，問題の共有がある程度実現されており，AiM，Maple T.A. で作成された問題を STACK に変換したり，その逆が可能となっている．しかし，それらの変換は完全なものではなく，個別に編集作業が必要となってくる．詳細は [57] を参照のこと．

第 6 章

Moodle との連携

6.1 問題バンクへの登録

以上で STACK での問題作成が完了した。次に，Moodle の小テストモジュールでその問題を使用するために，コースの問題バンクに登録を行う。本節ではその方法について紹介する。

6.1.1 STACK ブロックからの登録

STACK ブロックの問題一覧から Moodle の問題バンクに登録する方法は最も有効な手段である。複数の問題を一度に登録することが可能である。

1. STACK ブロックから「問題一覧」をクリックする（図 6.1）。

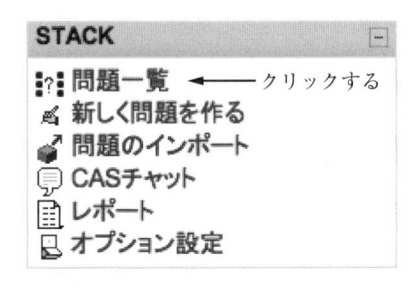

図 6.1 STACK ブロックの「問題一覧」をクリック

2. 表示された問題一覧から登録したい問題の左のチェックボックスをクリックしてチェックをつける（図 6.2）。

図 6.2　登録したい問題の左のチェックボックスを選択

3. 画面下部にあるフォーム群の中の右端にあるドロップダウンリストから登録したい問題バンクを選択し，「Moodle の問題バンクへ登録」ボタンをクリックする[*1]（図 6.3）。問題バンクに追加された旨が表示され（図 6.4），先程チェックをつけた問題の「カテゴリ」欄に選択した問題バンク名が表示される。以上で選択した問題バンクに問題が登録された。

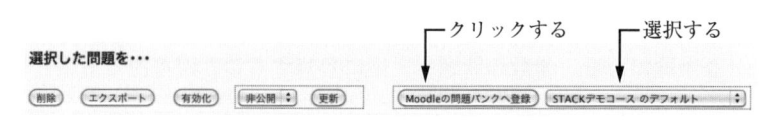

図 6.3　登録したい問題バンクの選択

図 6.4　問題バンクへの追加完了の確認

[*1] ただし，どのコースから操作しているかに依存して，ドロップダウンリストに現れるカテゴリは異なるので注意すること。また，コースを新しく作成し STACK ブロックを追加した直後の操作では，「Moodle の問題バンクへ登録」ボタンも，その右のドロップダウンリストも表示されない場合がある。その場合は，新しく作成したコースの管理ブロックから「問題」を選択し，問題バンクをいったん表示させると，その後「Moodle の問題バンクへ登録」ボタン，その右のドロップダウンリストが表示されるようになる。

6.1.2 Moodle 問題バンクからの登録

Moodle のユーザで，小テストを使い慣れている場合は，問題バンクから STACK 問題を登録したいと思うことがあるだろう。STACK は Opaque という問題タイプを使用している。問題バンクからはこの Opaque タイプの問題を新規作成する形で STACK の問題を登録する。

1. コースの管理ブロックから「問題」をクリックする（図 6.5）。

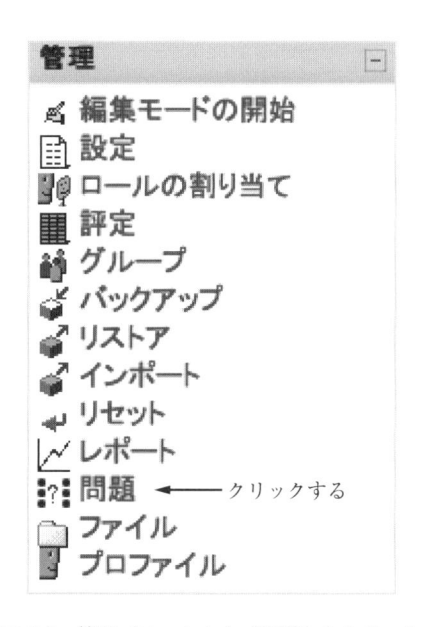

図 6.5 管理ブロックから「問題」をクリック

2. 「問題」タブを選択し，問題バンクの「問題の作成」から「Opaque」を選択する（図 6.6）。
3. 問題名を入力し，「問題名」から追加したい問題を選択して「変更を保存」をクリックする（図 6.7）。
4. 問題バンクへと画面が遷移し，問題バンクに問題が追加される（図 6.8）。

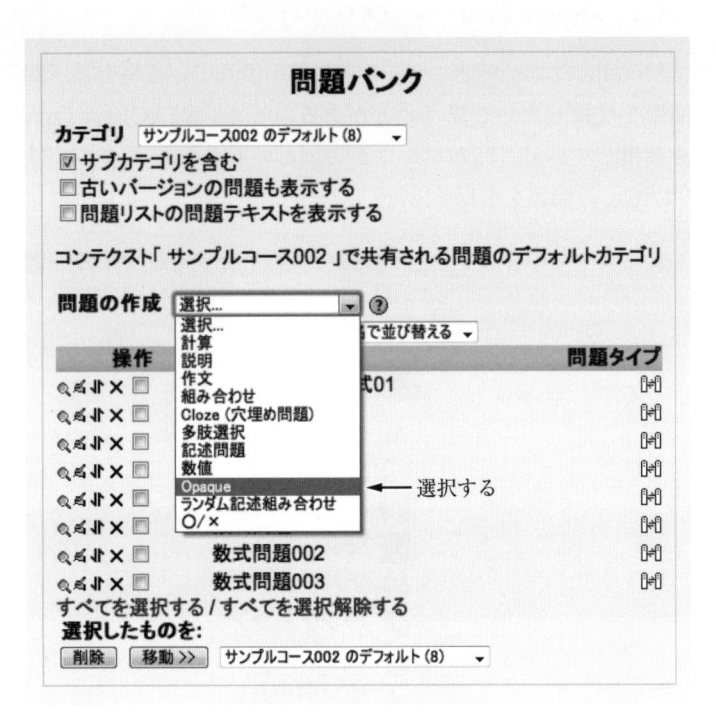

図 6.6　Opaque の選択

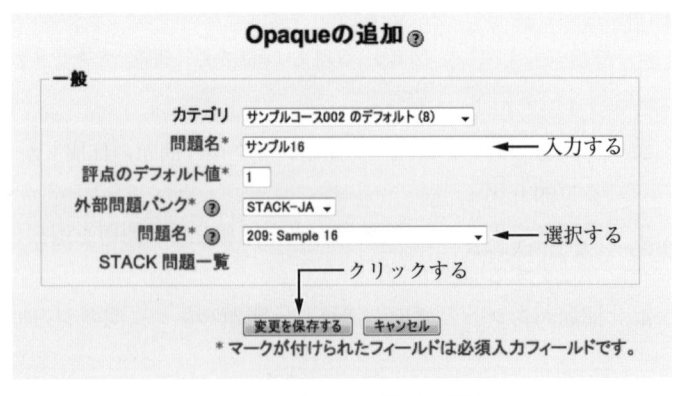

図 6.7　追加したい問題の選択

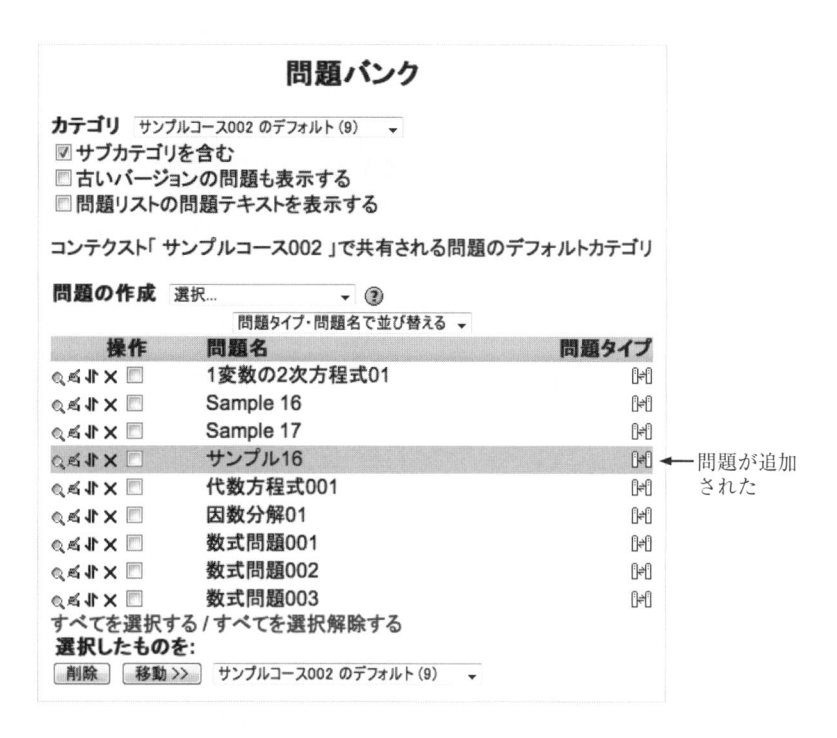

図 6.8　問題バンクへの追加完了の確認

6.1.3　STACK 問題編集画面からの登録

問題作成時にすでに登録する問題バンクが決定している場合は，その時点で登録することが可能である。

1. 問題を完成させる。
2. 問題編集画面の最下部にある「Moodle オプション」をクリックする（図 6.9）。

図 6.9　問題編集画面の Moodle オプション

3. 「カテゴリ」から登録したい問題カテゴリを選択し，「Moodle への追加」をクリックする（図 6.10）。

図 6.10　Moodle オプションで登録するカテゴリの選択

4. 問題が追加された旨が表示されるので，問題を保存して終了する（図 6.11）。

図 6.11　問題追加完了の確認

6.2　小テストの作成

次に，Moodle の小テストモジュールに STACK の問題を登録し，受験できるようにしよう。

1. 編集モードを開始し，小テストを設置するセクションの「活動の追加」より小テストを選択する（図 6.12）。

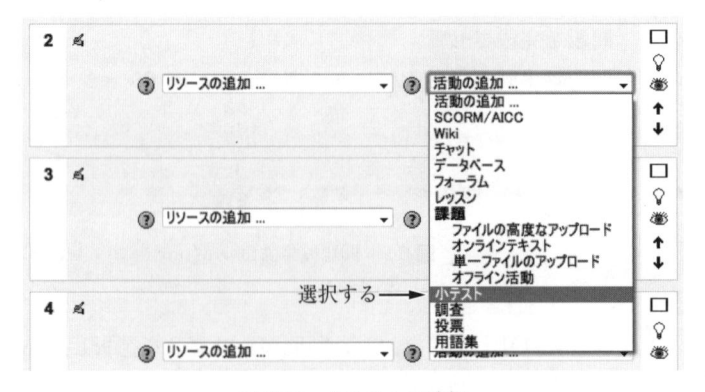

図 6.12　小テストの追加

2. 小テストの名称等など詳細を入力する．1ページあたりの問題数を「1」，アダプティブモードを「Yes」に設定し，「保存して表示する」をクリックする[*2]（図6.13）．

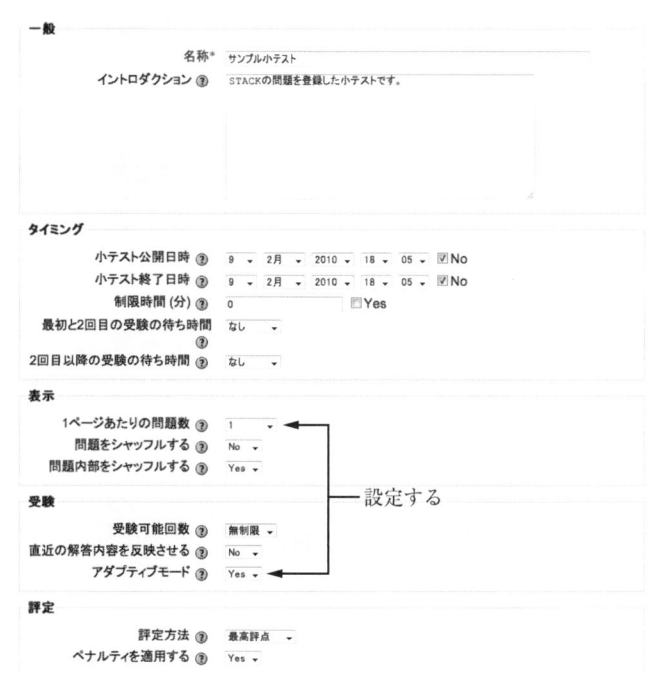

図 6.13 小テストの設定

3. 前節までに登録した STACK の問題の左のチェックボックスにチェックを入れ，「小テストに追加する」をクリックする（図 6.14）．
4. 「この小テストの問題」に，3. でチェックした問題が表示される（図 6.15）．上部タブの「プレビュー」をクリックして問題を確認する．
5. STACK で作成した問題が表示される（図 6.16）．
   （注意）2. で 1 ページあたりの問題数を 2 以上に設定にしているとエラーが発生する（図 6.17）．小テストを更新するか Page break を挿入して 1 問ずつ表示するように設定すること．

[*2] ここでは小テストの細かい設定については述べない．詳細は Moodle 関連のドキュメント，例えば https://e-learning.ac/moodle-resouces/ などを参照されたい．

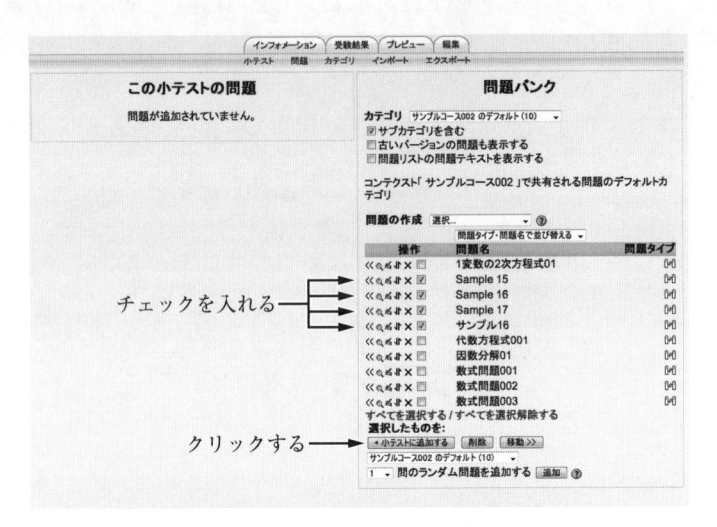

図6.14　小テストに追加する問題の選択

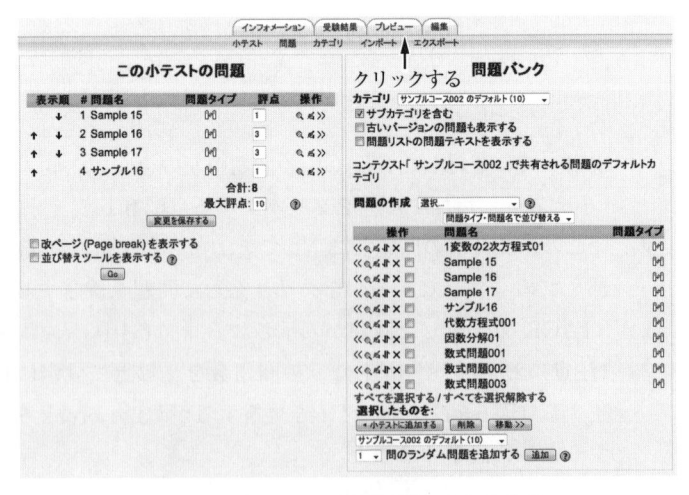

図6.15　小テストに問題が追加された状態

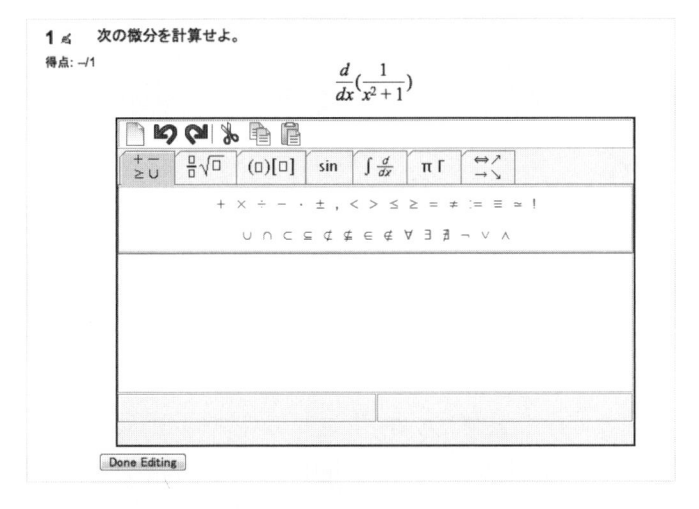

図 6.16　問題のプレビュー

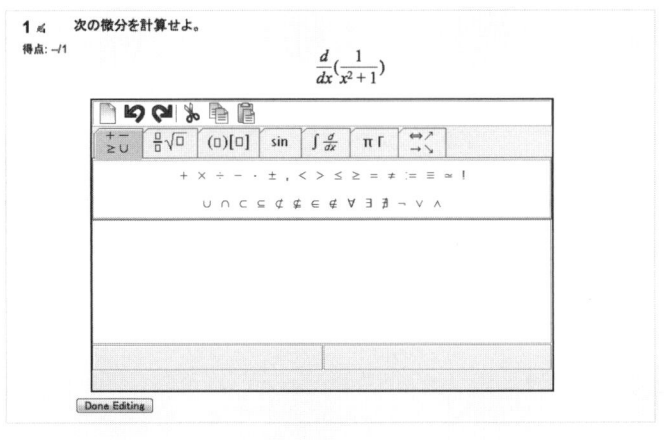

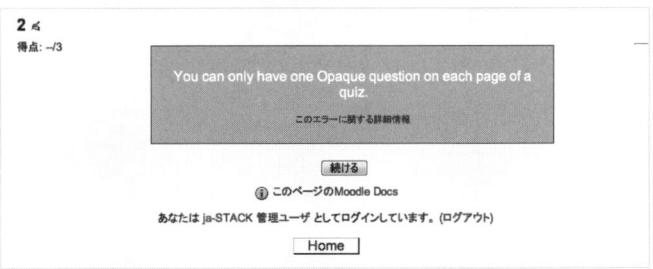

図 6.17　1 ページに問題を 2 問設定している場合のエラー

第 7 章

レポートの活用

　STACK を利用して，数式の正誤評価が可能なオンラインテストを実現することが可能となった．2.2 節でも紹介したように，Moodle の機能を利用して成績の管理を行うことは可能であるが，数学をはじめ自然科学の学力テストにおいては，学生がどのように解答を行って正答に到達したかを知ることは，学生の理解の程度を知るためには重要であると考えられる．本章では，STACK のレポート機能を利用して，学生がどのように解答を行ったのかを知る方法を紹介する．

　まず，STACK ブロックの「レポート」，あるいは，STACK の問題バンク画面上部の「レポート」を選択する（図 7.1）．すると，図 7.2 のように，レポートのページが表示される．STACK にはレポートの種類として，特定の問題を中心としたレポート

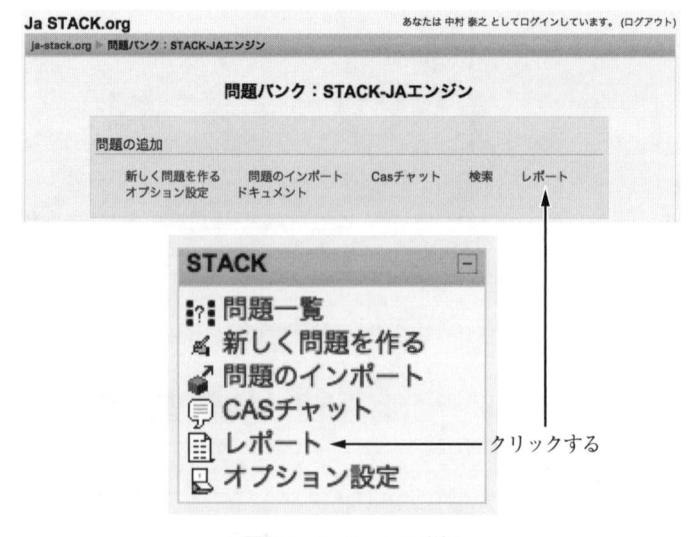

図 7.1　レポートの選択

図 7.2　レポートの種類

を提示する「問題」，学生を中心としたレポートを提示する「学生」，評点を中心としたレポートを提示する「評定表」の 3 種類のレポートが用意されている。それぞれどのようなレポートが提示されるのかを確認してみよう。

7.1　「問題」のレポート

特定の問題に対して，それを受験した学生がどのような解答をしたのかを知るために利用するのが，「問題」のレポートである。ある問題に関する解答の傾向を知ることができるので，例えばどのような種類の間違いが多いのかを把握することができるだろう。

図 7.3 の例では，「問題」として「185 - Sample 08」，期間として始まりと終わりをともに「2010 年 3 月 13 日」を選ぶことにより，2010 年 3 月 13 日に Sample 08 を解いたすべての学生がどのような解答をしたのかを調査することにする。各項目を選択した後，「送信」ボタンをクリックする。なお，Sample 08 の問題は多項式の積分の問題である。

レポートの詳細は図 7.4 のようになる。ここでは，たまたま 41 という ID の学生しか表示されていないが，複数の学生が該当していれば，すべて一覧に表示される。

このレポートは，Sample 08 の問題を解いた学生の解答結果一覧を表示したものであり，「解答」欄に学生が実際に入力した解答が示されている。しかし，解答 ID2915〜2918 と，解答 ID2919〜2925 では，解答の傾向が全く異なっていることがわかる。これは，当該学生が 2 回受験を行ったことと，受験のたびに問題がランダムに生成されるよう

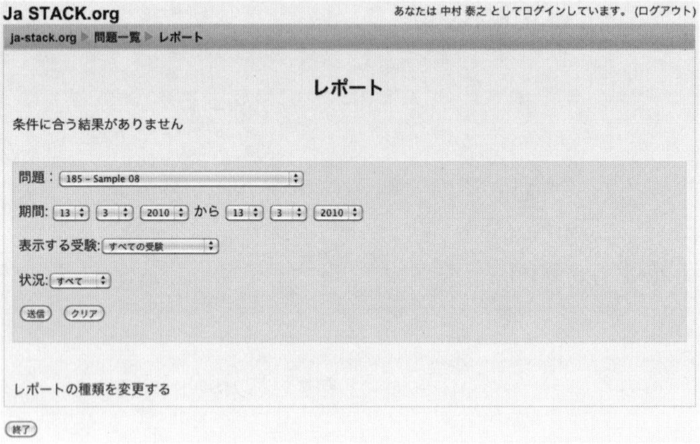

図 7.3 「問題」レポートの条件設定

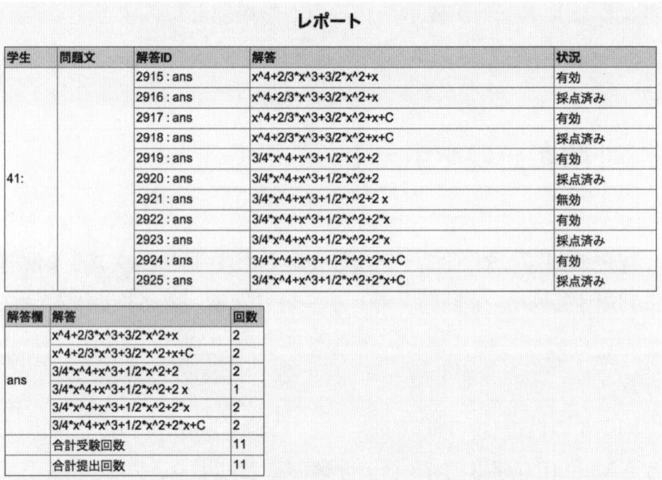

図 7.4 「問題」レポートの詳細

に設定されているため，1 回目と 2 回目とで異なった問題を解答したことによるものである．実際にどのような問題であったかは，解答 ID 欄のリンクを選択することにより確認することができる（図 7.5）．図 7.4 の「状況」欄には有効，無効，採点済みという表示があるが，それぞれ，入力した解答が有効，入力した解答が無効（エラーあり），入力した解答が採点済み，ということを意味している．

このレポートから次のことがわかる．最初の受験（解答 ID2915〜2918）では，1 回目の

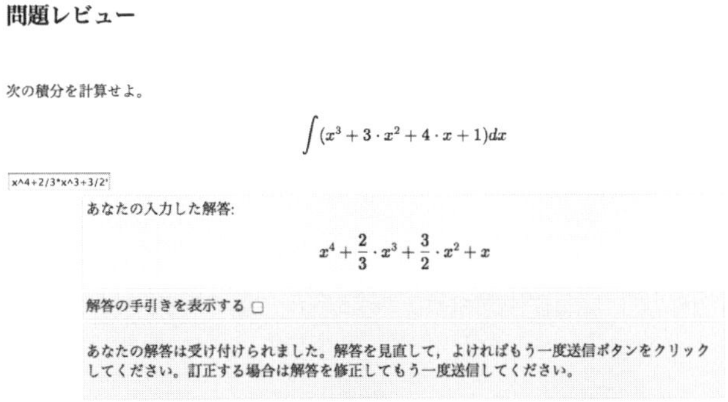

問題レビュー

次の積分を計算せよ。

$$\int (x^3 + 3 \cdot x^2 + 4 \cdot x + 1) dx$$

x^4+2/3*x^3+3/2*

あなたの入力した解答:

$$x^4 + \frac{2}{3} \cdot x^3 + \frac{3}{2} \cdot x^2 + x$$

解答の手引きを表示する □

あなたの解答は受け付けられました。解答を見直して、よければもう一度送信ボタンをクリックしてください。訂正する場合は解答を修正してもう一度送信してください。

図 7.5　受験した問題の確認

解答で積分定数を忘れ (解答ID2915, 2916), 2回目の解答で積分定数をつけて正答に至った (解答ID2917, 2918)。次の受験では，1回目の解答では 3/4*x^4+x^3+1/2*x^2+2*x とするところを，誤って 3/4*x^4+x^3+1/2*x^2+2 としてしまったことによる間違いを犯し (解答 ID2919, 2920), 2回目の解答では最後の項を 2*x とすべきところを 2 x と空白が入ってしまい，その解答は無効であった (解答 ID2921 の状況欄が無効である) ことがわかる。3回目の解答では最初の受験と同じく積分定数を忘れる間違いを犯し，4回目の解答で正答に至っている。このことから，この学生は注意不足による単純なミスが多いことが推測できる。

2つ目の表には，どの解答が何件あるかの集計がなされている。この問題では，受験ごとに問題がランダムに生成されるタイプの問題であるため，解答の種類が必然的に多くなってしまうが，同一の問題を複数の学生が受験した場合，解答の傾向をつかむことに利用できるであろう。

7.2　「学生」のレポート

ある学生がどの問題に対して，どのような解答過程を経て正答に至ったか，あるいは正答に至ることができなかったのかを知るために利用するのが，「学生」のレポートである。

図 7.6 の例では，「学生」として「nakamura（泰之 中村）」，「問題」として「60 - Sample 03」，期間として始まりと終わりをともに「2010 年 2 月 26 日」を選ぶことに

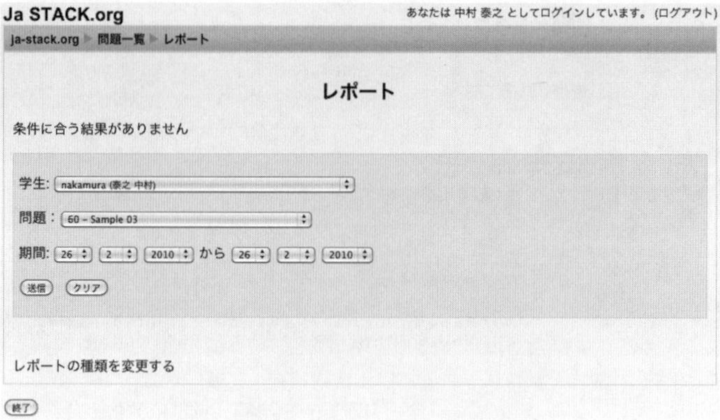

図 7.6　「学生」レポートの条件設定

より，2010 年 2 月 26 日に，nakamura（泰之 中村）というユーザが Sample 03 の問題に対して，どのように解答したのかを調査することにする。選択した後，「送信」ボタンをクリックする。

レポートの詳細は図 7.7 のようになった。ここでは，問題 60（これは Sample 03 の問題 id である）に対して，三度解答を入力した結果が表示されている。

「学生」欄は「Student Id: 3」となっているが，これは先ほど選択した，「nakamura (泰之 中村)」のことである。「受験 No」は学生が送信ボタンをクリックするたびに追加されるもので，1 と 2，3 と 4，5 と 6 が，いずれも入力の確認と採点の組み合わせになっている。「解答」欄には実際に学生が入力した内容が示され，「詳細を表示」のリンクから，実際に学生が解答を入力した画面が表示される。「評点」欄で学生の解答

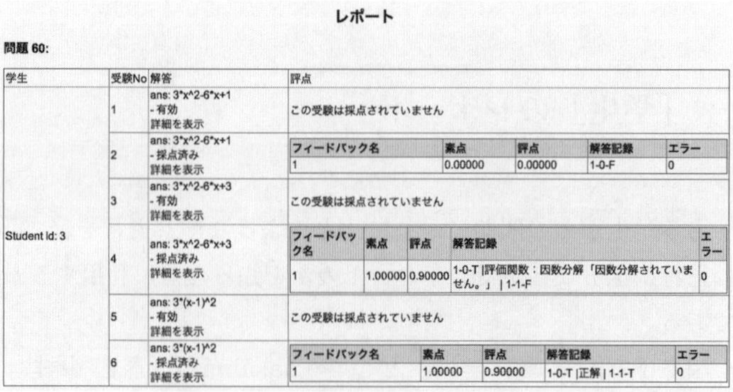
レポート

問題 60:

学生	受験No	解答	評点
Student Id: 3	1	ans: 3*x^2-6*x+1 - 有効 詳細を表示	この受験は採点されていません
	2	ans: 3*x^2-6*x+1 - 採点済み 詳細を表示	フィードバック名: 1 / 素点: 0.00000 / 評点: 0.00000 / 解答記録: 1-0-F / エラー: 0
	3	ans: 3*x^2-6*x+3 - 有効 詳細を表示	この受験は採点されていません
	4	ans: 3*x^2-6*x+3 - 採点済み 詳細を表示	フィードバック名: 1 / 素点: 1.00000 / 評点: 0.90000 / 解答記録: 1-0-T |評価関数：因数分解「因数分解されていません。」 | 1-1-F / エラー: 0
	5	ans: 3*(x-1)^2 - 有効 詳細を表示	この受験は採点されていません
	6	ans: 3*(x-1)^2 - 採点済み 詳細を表示	フィードバック名: 1 / 素点: 1.00000 / 評点: 0.90000 / 解答記録: 1-0-T |正解 | 1-1-T / エラー: 0

図 7.7　「学生」レポートの詳細

がポテンシャル・レスポンス・ツリーにより，どのように評価されたかを知ることができる．この「評点」欄を少し詳しく見てみよう．

「受験 No」1，3，5 は，学生が入力した解答の確認であり，「解答」欄には「有効」の表示があるので，入力にはエラーがなかったことがわかる．そして，この時点では採点はまだ行われていないので，「評点」欄にはその旨表示されている．実際に学生の解答の評価に対応する，「受験 No」2，4，6 の「評点」欄について確認しよう．

まず「受験 No」が 2 の「評点」欄の各要素について確認する．「フィードバック名」が「1」となっているが，これはポテンシャル・レスポンス・ツリーに与えられた名前に対応している（問題の詳細については 4.4 節を参照のこと）．「素点」は，その解答で学生が得た点数であり，それまでに間違えたことによるペナルティは考慮されない．それに対し，「評点」はペナルティが考慮された採点結果である．この例では，$\frac{d}{dx}(x-1)^3$ の計算の解答を 3*x^2-6*x+1($3x^2 - 6x + 1$) としたため，誤答であるので素点は 0，評点も 0 となっている．「解答記録」が「1-0-F」となっているが，これは，ポテンシャル・レスポンス・ツリー 1 の，ポテンシャル・レスポンス No: 0 において，学生の解答が 3*(x-1)^2 と代数的に等しいかどうかの評価関数「代数等価」（図 4.19 あるいは図 B.17 参照）で False であったことを意味する（解答記録の詳細については付録 B.3.2 項参照のこと）．「エラー」欄は 0 となっているので，エラーはなかった．

次に，「受験 No」が 4 の「評点」欄について確認する．「解答記録」が「1-0-T|評価関数：因数分解「因数分解されていません．」|1-1-F」となっているが，ポテンシャル・レスポンス No: 0 において，学生の解答が 3*(x-1)^2 と代数的に等価であった（1-0-T）が，ポテンシャル・レスポンス No: 1 において，学生の解答が因数分解されていなかった（評価関数：因数分解「因数分解されていません．」| 1-1-F）ということが読み取れる．しかし，正解には違いないので，素点としては 1 点が与えられているが，直前の受験で一度間違ったことによるペナルティのため 0.1 点が減点され，評点が 0.9 点となっている．

最後に，「受験 No」が 4 の「解答記録」欄については，ポテンシャル・レスポンス No: 0，No: 1 ともに True であったので，「1-0-T|正解|1-1-T」となっている．

以上により，この学生は，「$\frac{d}{dx}(x-1)^3$ の計算に対して，まず $(x-1)^3$ を展開して計算しようとしたが，計算間違いを犯し，その後訂正したが，チェインルールを思い出して，最終的に正答 $3(x-1)^2$ を得ることができた」ということがわかる．したがって，解答記録をたどることにより，学生の解答の詳細を把握することが可能となるのである．

7.3　「評定表」のレポート

最後に問題の採点結果をもとにしたレポートを紹介する。図 7.8 では，2010 年 2 月 13 日から 2010 年 3 月 13 日までの，すべての受験，すべての問題，すべての学生を対象に，素点が満点，評点が満点以外のものを指定している。それは，最終的な解答は満点である（正答に達した）が，正答に至るまでに何度か間違って，ペナルティが加

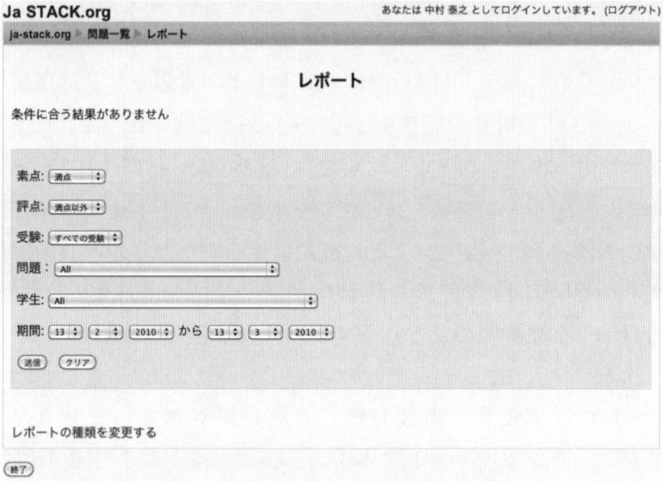

図 7.8　「評定表」レポートの条件設定

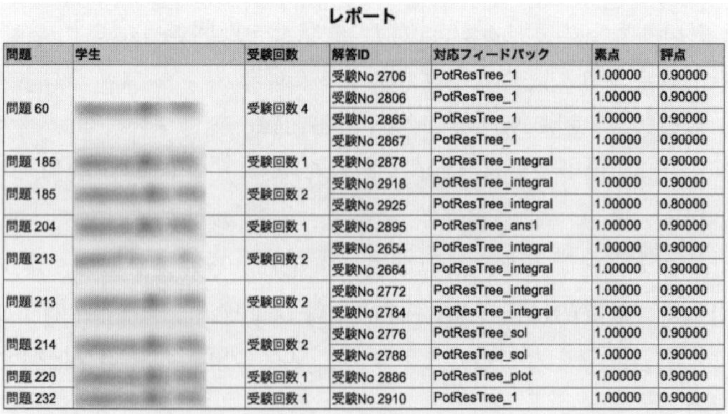

レポート

問題	学生	受験回数	解答ID	対応フィードバック	素点	評点
問題 60		受験回数 4	受験No 2706	PotResTree_1	1.00000	0.90000
			受験No 2806	PotResTree_1	1.00000	0.90000
			受験No 2865	PotResTree_1	1.00000	0.90000
			受験No 2867	PotResTree_1	1.00000	0.90000
問題 185		受験回数 1	受験No 2878	PotResTree_integral	1.00000	0.90000
問題 185		受験回数 2	受験No 2918	PotResTree_integral	1.00000	0.90000
			受験No 2925	PotResTree_integral	1.00000	0.80000
問題 204		受験回数 1	受験No 2895	PotResTree_ans1	1.00000	0.90000
問題 213		受験回数 2	受験No 2654	PotResTree_integral	1.00000	0.90000
			受験No 2664	PotResTree_integral	1.00000	0.90000
問題 213		受験回数 2	受験No 2772	PotResTree_integral	1.00000	0.90000
			受験No 2784	PotResTree_integral	1.00000	0.90000
問題 214		受験回数 2	受験No 2776	PotResTree_sol	1.00000	0.90000
			受験No 2788	PotResTree_sol	1.00000	0.90000
問題 220		受験回数 1	受験No 2886	PotResTree_plot	1.00000	0.90000
問題 232		受験回数 1	受験No 2910	PotResTree_1	1.00000	0.90000

図 7.9　「評定表」レポートの詳細

わり，評点は満点でなかったものを選び出したかったからである．

　実際に条件に合致したものが図 7.9 に示されている．このレポートからどの問題が間違いやすいかのおよその目処をつけることはできそうであるが，具体的な学生の解答など，これ以上詳細な情報は表示されないため，現在のところ利用価値は制限されるかもしれない．

付録 A

STACK における Maxima

STACK では様々な数式評価に，数式処理システム Maxima を利用している。Maxima は，微分，積分，テーラー級数展開，ラプラス変換，常微分方程式，連立方程式，集合，リスト，行列，テンソルなどを扱うことができ，STACK の問題作成において，これらの機能を駆使することにより，様々な問題を作成することが可能となる。また，Maxima のオリジナルの機能を拡張して，STACK で再定義した機能などもあるので，それらを含めて，Maxima の簡単な解説を行う。

より詳しい Maxima の機能については，文献[35, 36]などを参照すること。

A.1　Maxima の基本

Maxima のよい入門資料として，Minimal Maxima[*1] が公開されているが，以下の解説ではその内容を基本としている。

まず，表 A.1 のように，変数に値や式を割り当てたりする場合にはコロン（:）を使

表A.1　Maxima での変数への値，式の割り当て

a : 1	変数 a に 1 を割り当てる
V : 4/3 * % pi * r^3	変数 V に式 $\frac{4}{3}\pi r^3$ を割り当てる
eq : a = 1	変数 eq に方程式 $a=1$ を割り当てる
f(x) := x^2	関数 $f(x)=x^2$ の定義

[*1] http://maxima.sourceforge.net/docs/tutorial/en/minimal-maxima.pdf

い，関数を定義する場合には（:=）が使われる。

A.1.1 型

Maximaでは，以下に示されるいくつかの型を扱う。

- 方程式（等号が使われている式）
- 不等式，$x<1$ や $x\leq 1$
- 集合，$\{1,2,3\}$
- リスト，$[1,2,3]$
- 行列
- その他の型

これらの型については，いくつかの注意点がある。

- 1つの不等号を持つ不等式しか扱うことができない。例えば，$x-1>y$ は扱うことが可能であるが，$1\leq x\leq 7$ のように複数の不等号を持つ場合や，「$x\geq 1$ and $x\leq 7$」のような複数の不等式が論理演算で結ばれている場合などは扱うことができない。
- 不等式を扱う機能はそれほど多くはない。
- 集合は波括弧を使って次のように表す。

```
s:{1,1,2,x^2}
```

ただし，集合では重複した要素は扱わないので，実際には集合 s は $\{1,2,x^2\}$ となる。

- 要素に順番があるリストは角括弧を使って次のように表す。

```
p:[1,1,2,x^2]
```

リスト p の要素は，`p[1]` のように指定することができる。

- 行列 $p\equiv\begin{pmatrix}1&2\\3&4\end{pmatrix}$ は次のように表す。

```
p:matrix([1,2],[3,4])
```

各行はリストとし，行列 p の要素（例えば 1 行 2 列）は p[1,2] として指定できる。

A.1.2 定数

定数として，虚数単位（$\sqrt{-1}$），ネイピア数（自然対数の底）e，円周率 π は，Maxima で特別な表記方法があるが，表 A.2 のように，STACK ではより簡単な表記が定義されている。

表A.2 STACK と Maxima での代表的な定数の扱い

定数	Maxima	STACK
虚数単位	%i	i または j
ネイピア数	%e	e
円周率	%pi	pi

A.1.3 エイリアス

STACK では表 A.3 のように，Maxima のいくつかのコマンドに対して，エイリアスを定義している。

表A.3 Maxima のコマンドに対するエイリアス

Maxima のコマンド	STACK で定義されているエイリアス
integrate	int
log	ln
fullratsimp	simplify

A.2　簡略化

　Maxima で実行される数式の簡略化は，大域変数 simp により制御することができる。例えば，simp:true のように大域変数 simp を true とすることにより簡略化が行われ，false とすれば簡略化は行われない。1+4 のような数式も simp:false の場合には計算は実行されず，1+4 のまま結果が返される。

　大域変数 simp は STACK では問題編集画面の「オプション」の項目で，「自動簡略化」を true また false に指定することで設定できる。

A.3　STACK で定義されている Maxima のコマンド・関数・用法

　STACK では，Maxima のコマンドや関数として，新たに定義されたもの，エイリアスとして定義されているものなどがあり，STACK の問題を作成するときに，利用可能である。

A.3.1　基本的なコマンド

　表 A.4 に STACK で定義されているコマンドの主なものをまとめておく。

表A.4　STACK で定義されているコマンド

decimalplaces(x, n)	x を小数点以下 n 位に切り捨てる
significantfigures(x, n)	x を有効数字 n 桁に切り捨てる
scientific_notation(x)	x を $m \times 10^n$ の形式で表示する
commonfaclist(l)	最大公約数を求める（l は最大公約数を求めたい数を要素とするリスト）
factorlist(ex)	数式 ex の因数を重複の無いリストの形式で返す
divthru(ex)	数式 ex の代数的な除算を行う。例えば，divthru((x^4-1)/(x+2)) の結果は，$\frac{15}{x+2} + x^3 - 2x^2 + 4x - 8$ となる。計算過程をフィードバックで示すときに便利であろう。

A.3.2 割り当て

「key = value」という形式で変数 key に value という値や式を割り当てることができる。Maxima では「key:value」としていたこととの違いに注意しよう。例えば，

```
n = rand(3)+2
p = (x-1)^n
```

とすることにより，0〜2 の整数乱数（乱数については付録 A.3.4 項を参照のこと）に 2 を加えた値を n に割り当て，その n を用いた $(x-1)^n$ という式を p に割り当てることになる。以下のように，数式を Maxima のコマンドで処理した結果に対して割り当てを行うことも可能である。

```
p = expand((x-3)*(x-4))
```

数式内の変数に値を代入する場合は Maxima のコマンド subst を用いる。例えば，ある数式 ex の中の変数 x に対して，a という値を代入したい場合，

```
subst(a, x, ex)
```

のようにすればよい。subst コマンドを用いることにより，ある x の関数 f の $x=a$ における微係数を求めるためには，

```
subst(a, x, diff(f, x))
```

とすればよいことになる。

また，Maxima の繰り返し処理を用いて，変数に値を割り当てることも可能である。

```
n = 1
dummy = for i:3 thru 9 step 2 do n:n+i
```

この処理により，n には繰り返しの最終的な値 25 が割り当てられることになる。ただし，繰り返し処理の中では，値の割り当ては Maxima 本来の書式 i:3 や n:n+i と

しなければならないこと，また，「key=value」という書式を保つために，ダミー変数 dummy を使っていることに注意すること．

さらに，Maxima の block 文を用いることにより，より複雑な割り当て処理を実行することが可能となる．次の例は，係数がランダムな p 次多項式を構成し，積分した結果を r に割り当てる処理である．

```
m = rand([y,x,t])
p = rand(7)+1
q = 0
dummy = block(for i:1 while i<=p do (q:q+rand(9)*m^p,p:p-1),return(q))
r = int(q,m)
```

A.3.3 グラフ描画

STACK ではグラフを利用した問題も作成することができるが，グラフを描画するコマンドとして Maxima の `plot2d` コマンドのラッパーとして `plot` コマンドが定義されている．以下のいずれも，STACK で作成した問題文中では，`plot` コマンドを@で挟むことによりグラフを挿入することができる．

- $-1 \leq x \leq 1$ の範囲で x^2 のグラフを描画

```
plot(x^2,[x,-1,1])
```

- $-1 \leq x \leq 1, 0 \leq y \leq 2$ の範囲で x^2 のグラフを描画

```
plot(x^2,[x,-1,1],[y,0,2])
```

ただし，描画範囲が必ずしも意図したとおりに設定されない場合があり，これは STACK の開発に関する ToDo リストに入っている．

- $-1 \leq x \leq 1$ の範囲で $x^2, \sin(x)$ の 2 つのグラフの描画（リストを利用）

```
plot([x^2,sin(x)],[x,-1,1])
```

- Maxima の `makelist` コマンドを利用した，x, x^2, x^3, x^4, x^5 のグラフの描画

> `(p(k):=x^k,pl:makelist(p(k),k,1,5),plot(pl,[x,-1,1]))`

なお，画像は HTML タグで埋め込むことができるので，Google charts などのグラフ作成サービスを利用して作成した画像を，STACK の問題文に利用することも可能である（付録 D.5 節参照）。

A.3.4　ランダムオブジェクト

STACK では様々なランダムオブジェクトを生成することができ，これにより同種であるが係数やパラメータの異なるランダムな問題を課すことができるため，繰り返し学習などに効果的である。様々なランダムオブジェクトの生成には，`rand()` 関数が基本となっている。

ここで注意しなければならないのは，Maxima 固有の `random()` 関数ではなく，STACK で定義された `rand()` 関数を用いなければならないことである。`random()` 関数を使用すると，エラーが返される[*2]。

rand()

`rand()` 関数の使い方を表 A.5 にまとめる。

表A.5　rand 関数の使い方

`rand(n)`	0 から $n-1$ の整数をランダムに生成
`rand(n.0)`	0 から n の浮動小数点数をランダムに生成 実際には，`float(rand(1000)/1000)` などにより，一定の小数位を持つ浮動小数点数を生成するほうが便利である。
`rand([a, b, ..., z])`	a, b, ..., z の中からランダムに選択
`rand(matrix(...))`	各要素がランダムな行列を生成 例：`rand(matrix([5, 5], [5, 5]))` により，各要素が 0 から 4 のランダムな整数の行列が生成される。

[*2] STACK2.1 では，Maxima の `random()` 関数を採用する予定である。

rand_with_step(lower, upper, step)

{lower, lower+step, lower+2*step, ..., upper} の中から，ランダムに選ばれた数値が生成される．表 A.6 は，いくつかの例である．

表A.6　rand_with_step 関数の使い方

`rand_with_step(-5,5,1)`	$\{-5, -4, -3, -2, -1, 0, 1, 2, 3, 4, 5\}$ の中からランダムに選択
`rand_with_step(-5,5,2)`	$\{-5, -3, -1, 1, 3, 5\}$ の中からランダムに選択
`rand_with_step(-5,3,3)`	$\{-5, -2, 1\}$ の中からランダムに選択

rand_with_prohib(lower, upper, list)

{lower, lower+1, ..., upper-1, upper} の中から，list で指定された要素を除いた整数をランダムに選択する．表 A.7 は，いくつかの例である．

表A.7　rand_with_prohib 関数の使い方

`rand_with_prohib(-5,5,[0])`	$\{-5, -4, -3, -2, -1, 1, 2, 3, 4, 5\}$ の中からランダムに選択
`rand_with_prohib(-5,5,[-1,0,1])`	$\{-5, -4, -3, -2, 2, 3, 4, 5\}$ の中からランダムに選択

A.4　その他の例

A.4.1　関数

STACK の問題を作成するときに，関数を定義すると便利であろう．Maxima では関数の定義は次のように行う．

```
f(x):=x^2
```

ところが，STACK では変数に数値や式を割り当てる場合には，Maxima のコロン (:)

ではなく，等号（=）を使用するので，関数の定義（割り当て）についても，Maxima の `lambda` 関数を利用して，次のように行うとよい．

```
f=lambda([x],x^2)
```

例えば，区分関数

$$f(x) = \begin{cases} 6x-2 & (x<0) \\ -2e^{-3x} & (x\geq 0) \end{cases}$$

を以下のように定義することができる．

```
f = lambda([x],if (x<0) then 6*x-2 else -2*exp(-3*x))
```

問題文の中では，

```
@plot(f(x), [x,-1,1])@
```

とすることにより，関数 $f(x)$ のグラフを挿入することができる．

A.4.2 行列

Maxima では行列の積にはアスタリスク（*）ではなく，ピリオド（.）を用いて，例えば行列 A と行列 B の積は `A.B` として計算することができる．もし `A*B` とすると，要素ごとの積を計算することになる．

表 A.8 に行列に関するいくつかの便利な関数を挙げておく．ただし，いくつかは STACK 固有の関数である．

A.4.3 計算過程の表示

解答の手引きを作成するとき，計算過程を表示することが必要になる場合がある．その場合，計算を実行（評価）しない状態で計算過程を表示することになるが，STACK で定義された `zip_with` コマンドを使ってそれを実現することが可能となる．

例えば，行列の計算過程として

表A.8 行列操作のための関数

`rowswap(m,i,j)`	行列 m の i 行と j 行を入れ替える
`addrow(m,i,j,k)`	行列 m の j 行に k を乗じたものを i 行に加えて新たな i 行を作成する（STACK 固有） `m[i]: m[i] + k * m[j]`
`rowmul(m,i,k)`	行列 m の i 行を k 倍する（STACK 固有）
`rref(m)`	行列 m の簡約階段行列を作成する（STACK 固有）

$$\begin{pmatrix} 1 & 2 \\ 4 & 5 \end{pmatrix} + \begin{pmatrix} 1 & -1 \\ 1 & 2 \end{pmatrix} = \begin{pmatrix} 1+1 & 2-1 \\ +14 & 5+2 \end{pmatrix} = \begin{pmatrix} 2 & 1 \\ 5 & 7 \end{pmatrix}$$

を表示させたい場合，

```
A = matrix([1,2],[4,5])
B = matrix([1,-1],[1,2])
C = apply(matrix,zip_with(lambda([l1,l2],zip_with("+",l1,l2)),args(A),
         args(B)))
D = ev(C,simp)
```

を変数として指定し，CAS テキストに

```
\[ @A@+@B@=@C@=@D@ \]
```

を指定することにより表示できる。

付録 B

問題の編集

問題の具体的な作成過程は，第4章，第5章でいくつかの例を示しながら紹介したが，ここでは，「問題の編集」画面における様々な機能について網羅的に解説する。

B.1 問題作成

「問題の編集」画面の最上部には，問題名や問題文などを定義，作成する部分があり，この部分を便宜上「問題作成」部分と呼ぶことにする（図B.1）。ここには以下の8項目の要素がある。

B.1.1 問題 ID

すべての問題に対してユニークに定められるもので，新しく問題を作成するたびに，自動的に STACK から付与される。STACK で使われているデータベース（MySQL）において，stackquestion テーブルの questionID に，auto_increment 属性で格納されている値である。

B.1.2 問題名

問題につけられる名前で，任意の名前が許される。ただし，Moodle の小テストに問題を追加する場合，ここにつけられた名前が問題バンクの一覧に表示されるので，問題の内容を表す簡潔なものがよいだろう。

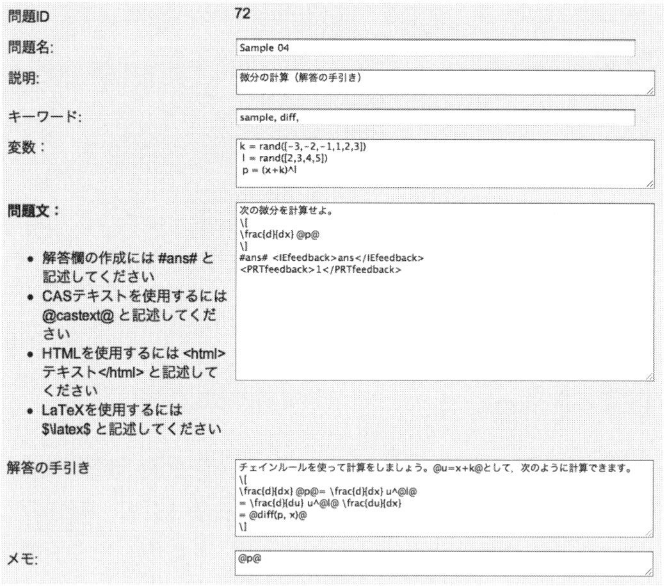

図 B.1 問題作成部分

B.1.3 説明

問題の内容を説明するためのものである．「問題名」よりも，やや詳しい説明を記述するとよい．

B.1.4 キーワード

カンマ「,」で区切られた単語を列挙する．検索などに用いられる．

B.1.5 変数

問題文，解答の手引き，ポテンシャル・レスポンス・ツリーで用いられる変数を定義する領域．例えば，

```
k = rand([-3,-2,-1,1,2,3])
l = rand([2,3,4,5])
p = (x+k)^l
```

とすることにより，変数 k, l, p をそれぞれ，数値や数式として定義することができる。

B.1.6　問題文

STACK で作成する問題の問題文を作成する。ここに記述された内容が学生に問題として提示される。具体的な記述方法は，問題作成例（第 4 章，第 5 章）や，CAS テキスト（付録 D）を参照のこと。

B.1.7　解答の手引き

解答を送信した後に表示される画面で，学生が「解答の手引きを表示する」右横のチェックボックスをチェックした場合に表示される，解答の手引きの内容である。具体的な記述方法は，問題作成例（第 4 章，第 5 章）を参照のこと。

B.1.8　メモ

問題をランダムに生成する場合，どのような問題が生成されたか，@p@ などをこのメモ欄に記述することにより，生成された問題を区別することができる[*1]。

B.2　解答欄の設定

STACK で作成された問題に対して，学生は解答欄として用意された入力ボックスに解答を入力したり，リストからの選択を行うことで，サーバに解答を送ることになる。解答欄は，1 つの問題の中で必要に応じていくつでも作成可能であるし，逆に，単なる説明文だけで，学生からの解答を要求しないような場合には，必ずしも解答欄を作成する必要もない。この解答欄の設定にも様々なバリエーションがあるので，本節ではこのことについて整理しておく。

[*1] STACK2.1 ではこのフィールドは入力必須となっている。

B.2.1 解答欄 ID

1つの問題の中で解答欄は任意の数だけ作成可能であるが，それぞれに唯一の ID としての解答欄 ID が与えられる。この解答欄 ID は問題文の中で，`#ans1#`のように「#」で挟んで指定することができる。なお，解答欄 ID として使用可能な文字はアルファベットと数字のみであり，記号は使用することはできず，また数字で始めることもできない。

解答欄 ID が問題文に記述された位置に，入力ボックスや選択肢などの解答欄が実際に現れる。また，問題文を作成し「更新」をクリックすると，解答欄 ID を要素に持つ`<IEfeedback>ans1</IEfeedback>` というタグが，通常解答欄 ID が記述されている位置の直後に，自動的に挿入される。これは，「送信」をクリックした後，学生が入力した解答を STACK が表示する入力確認欄で，黄色の背景で示される。

例えば，図 B.2，図 B.3 のように `#ans1#`, `#ans2#` が記述された位置の直後に，

図 B.2 解答欄 ID の設定

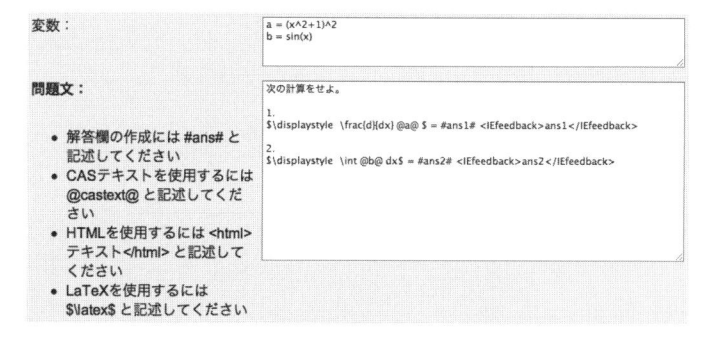

図 B.3 IEfeedback タグの自動挿入

`<IEfeedback>ans2</IEfeedback>`，`<IEfeedback>ans2</IEfeedback>` がそれぞれ挿入されていることがわかる。

`<IEfeedback>`タグが配置されている部分に，黄色の背景の入力確認欄が表示されるが，もし，問題文の末尾にまとめて表示させたいような場合には，`<IEfeedback>`タグを自由に移動させることができるので，好みの位置に移動させればよい。表 B.1 と図 B.4，表 B.2 と図 B.5 の例により，`<IEfeedback>`タグが挿入された位置に応じて，入力確認欄が表示される位置が変更されていることが確認できる。

ポテンシャル・レスポンス・ツリーのフィードバックを表示するための `<PRTfeedback>` タグについても同様である（付録 B.3 節参照）。

表 B.1　IEfeedback タグを解答欄の直後に置いた場合

次の計算をせよ。

1.
`$\displaystyle  \frac{d}{dx}  @a@ $ = #ans1# <IEfeedback>ans1</IEfeedback>`

2.
`$\displaystyle  \int @b@ dx$ = #ans2# <IEfeedback>ans2</IEfeedback>`

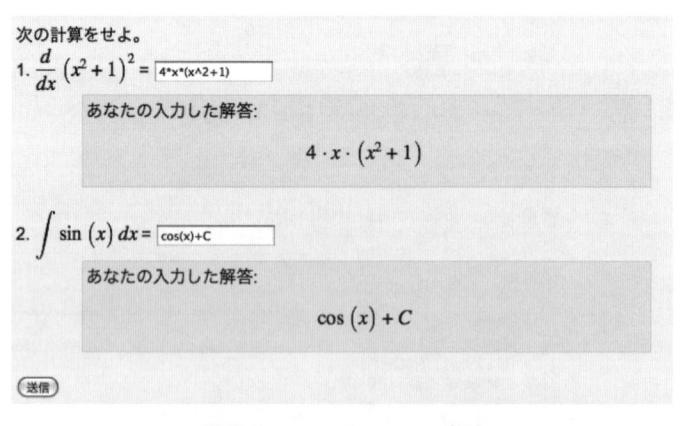

図 B.4　フィードバックの表示

表B.2　IEfeedback タグを末尾にまとめて置いた場合

```
次の計算をせよ。

1.
$\displaystyle   \frac{d}{dx} @a@ $ = #ans1#

2.
$\displaystyle   \int @b@ dx$ = #ans2#

<IEfeedback>ans1</IEfeedback>
<IEfeedback>ans2</IEfeedback>
```

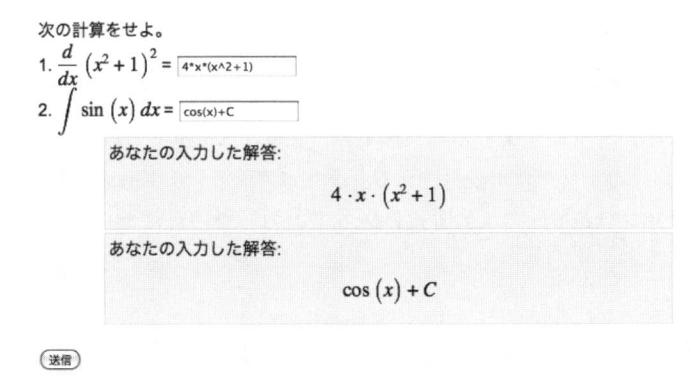

図B.5　フィードバックの表示

B.2.2　入力形式

　STACK では，問題に対する解答として数式で入力することが中心であるが，数式入力を支援するためのグラフィカルユーザインターフェース（GUI）を利用すること，選択式で解答することなど，様々な入力形式に対応している。STACK が用意している入力形式には以下のものがある。

- 文字列
- 数式
- ○/×
- 単一文字
- Dragmath エディタ＋HTML フォーム

- Dragmath エディタのみ
- ドロップダウンリスト
- 行列
- リスト

ただし，STACK2.0 の時点では解答として数式以外の文字列が与えられた場合，その扱いに問題がある．3 文字以上の文字列は関数，あるいはコマンドとして認識されるようであり，通常の文字列として正しく扱うことができない．したがって，上記のうち「文字列」形式の入力については実用性があまり高くないと考え，説明を省くことにする．

数式

　STACK で最も基本的な入力形式である．その他の入力形式も，基本的には解答として数式を入力するための支援と考えることもできる．入力形式として「数式」を選択すると，「問題文」の解答欄 ID が定義された位置（#ans1#などが記入された位置）に，入力ボックスが表示される．学生はここに，$e^x \sin x$ であれば `exp(x)*sin(x)` のように Maxima の入力書式に従って入力しなければならない．

○/×

　ドロップダウンリスト形式で○（正）か×（誤）を選択する形式である．文字どおり正誤判定を行うための入力形式であるが，二者択一の解答としても利用することが可能である（例えば 5.9 節の Sample 13 など）．ただし，解答として STACK に渡されるのはあくまでも `true` か `false` のブール型である．

単一文字

　解答として 1 文字の入力を求めるものである．この入力形式を選択した場合，「入力欄のサイズ」の設定にかかわらず，1 文字分の入力ボックスしか用意されない．多肢選択問題の選択肢の記号を入力するような場合に有効である．この入力形式の場合の解答に対しては，評価関数で「文字列」を用いたポテンシャル・レスポンス・ツリーを構築するとよい．

Dragmath エディタ + HTML フォーム

　Dragmath エディタは数式入力を支援するための GUI であり，x^2 に対して `x^2` と入力するなどの入力規則を知らなくても，より直感的に数式を入力することができ

るものである（入力方法の詳細については，第3章を参照のこと）。入力形式として「Dragmathエディタ＋HTMLフォーム」を選択した場合，Dragmathエディタと通常の数式入力を併用する形式となり，Dragmathエディタを使用せず，直接数式を入力することも可能である。

問題を開いた場合，入力ボックスが表示されるが，「エディタ開始」をクリックするとDragmathエディタが現れる。Dragmathエディタを用いて数式を設定した後，「編集終了」をクリックすると入力ボックスに数式が入力された状態となる。Dragmathエディタ＋HTMLフォームによる解答入力の流れを，図B.6に示す。

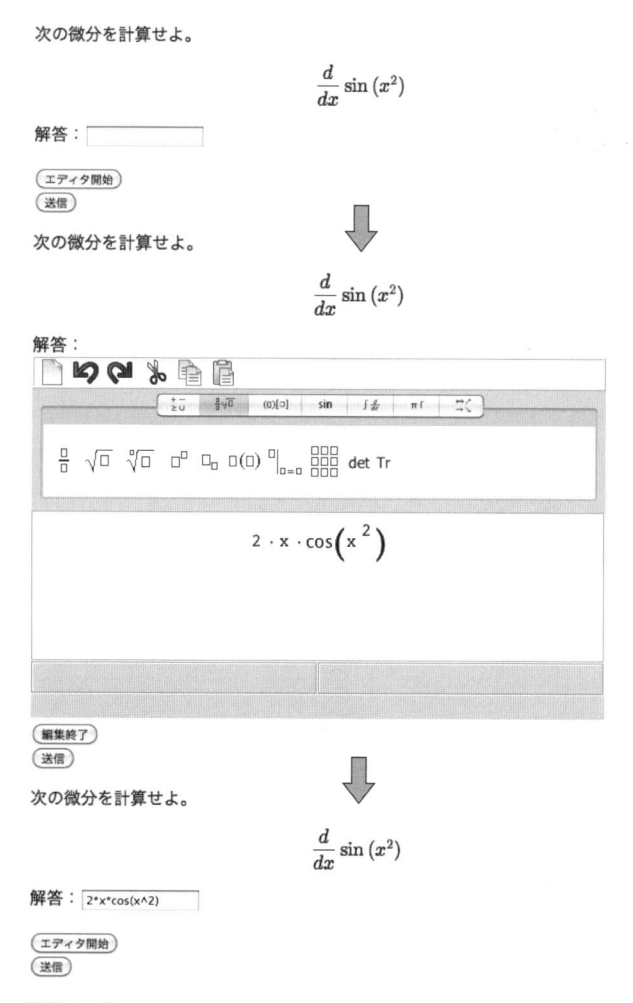

図B.6 Dragmathエディタ＋HTMLフォームによる解答入力の流れ

Dragmath エディタのみ

この入力形式は，数式入力を Dragmath エディタで行うものである。最初は入力ボックスは表示されないが，Dragmath エディタで数式を入力した後，「編集終了」をクリックすると数式が入力された状態で入力ボックスが現れる。実際にはこの入力ボックス内の数式を編集することもできるので，Dragmath エディタ＋HTML フォームと基本的な違いはないと思われる。

ドロップダウンリスト

図 B.7 のように，ドロップダウンリストの中から正解を選択する形式である。選択肢は「解答欄の設定」の「入力オプション」で，複数の選択肢をカンマ「,」で区切って設定する。例えば，図 B.7 の例の場合，

```
cos(x^2), cos(2*x), 2*x*cos(x^2)
```

と設定している。学生が選択した数式が解答として STACK に送られる。

注意しなければならないのは，前述のとおり，3 文字以上の文字列は関数とみなされるので，選択肢に設定するのは Maxima の入力書式に従った数式にしなければならないということである。

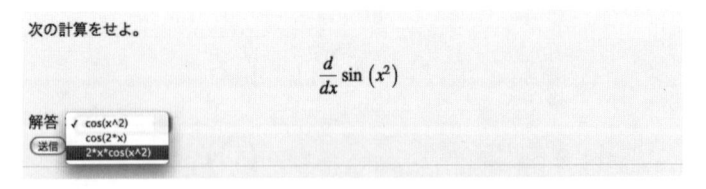

図 B.7　ドロップダウンリストによる解答選択

行列

解答として行列を入力することに特化した入力形式である。図 B.8 の例のように，学生が行うのは行列の要素を入力することのみである。行列のサイズは「正答」欄に入力された行列をもとに，自動的に設定されて入力欄が構成される。ただし，この入力形式を用いると，学生に行列のサイズを考えさせることはできなくなる。

リスト

ドロップダウンリストと同様に，正解を選択する形式であるが，ドロップダウンリスト

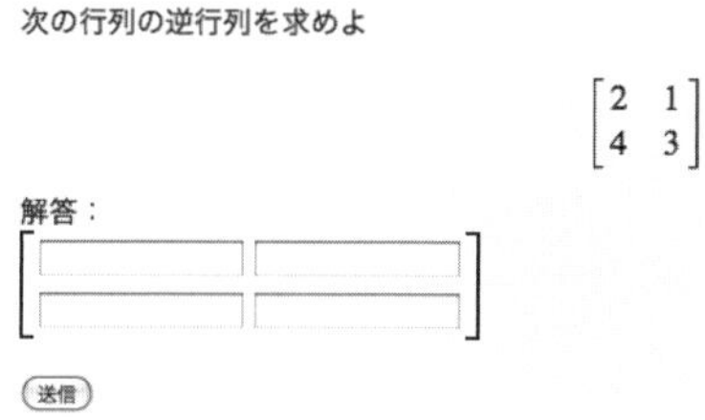

次の行列の逆行列を求めよ
$$\begin{bmatrix} 2 & 1 \\ 4 & 3 \end{bmatrix}$$

解答：

図 B.8　行列の入力

と異なり，選択肢として学生に表示されるのは Maxima の書式に従った数式そのものではなく，自由に設定することが可能となる．例えば，図 B.9 の例では，$\frac{d}{dx}\sin x^2$ の解答として，ドロップダウンリストのときのように cos(x^2)，cos(2*x)，2*x*cos(x^2) の中から選択するのではなく，$\cos x^2, \cos 2x, 2x\cos x^3$ というわかりやすい選択肢から選択することができる．ただし，STACK に解答として送られるのはあくまでも対応する数式 cos(x^2)，cos(2*x)，2*x*cos(x^2) のうちの選択されたものとなる．また，ドロップダウンリストの場合は，選択肢は内容も順番も固定されたものであるのに対し，リストの場合は複数の候補の中から指定された数だけの選択肢がランダムに選ばれ，順番もランダムに学生には表示される．

上の問題を例にとり，具体的なリストの設定方法を次の紹介しよう．解答欄の設定で「入力形式」を「リスト」とし，「更新」をクリックすると，「入力オプション」欄が図 B.10 のようになる．「表示形式」では「ラジオボタン」か「ドロップダウンリスト」を選択できるが，図 B.9 は「ラジオボタン」と設定した場合である．「ドロップダウンリスト」はドロップダウンリストの形式での選択となる．「表示する選択肢数」は文字どおり表示される選択肢の数であり，デフォルトでは 3 となっている．「正答」は正答となる解答で，選択肢の中に必ず含まれる．「誤答」欄はデフォルトで 3 つ用意されるが，実際にはこのうち 2 つがランダムに選ばれて正答とあわせて選択肢数が 3 となる．「ラベル」欄には実際に解答として STACK に渡される数式を入力し，「表示」欄

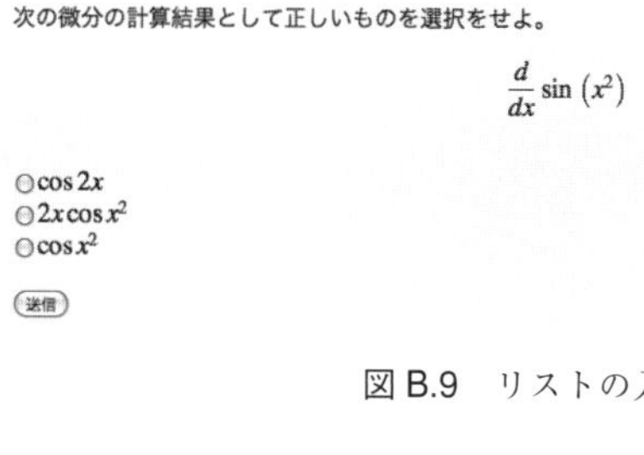

次の微分の計算結果として正しいものを選択をせよ．
$$\frac{d}{dx}\sin(x^2)$$

○ $\cos 2x$
○ $2x\cos x^2$
○ $\cos x^2$

図 B.9　リストの入力形式

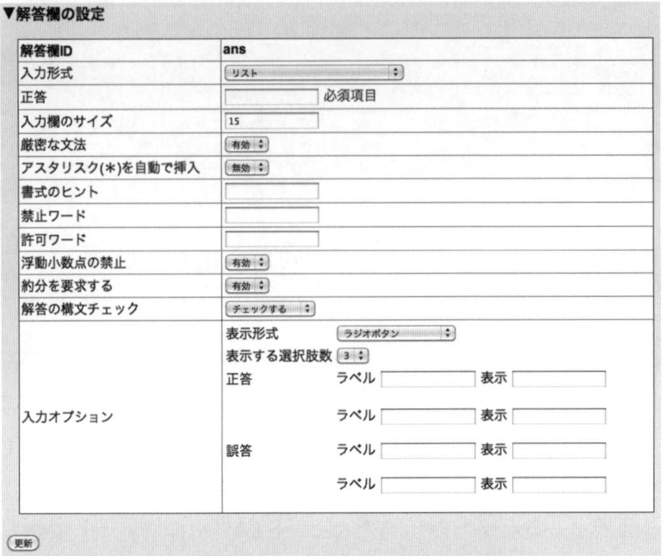

図 B.10　入力オプション欄の更新

表 B.3　リスト表示のための入力例

	ラベル	表示
正答	2*x*cos(x^2)	$2x\cos x^2$
	cos(x^2)	$\cos x^2$
誤答	cos(2*x)	$\cos 2x$
	2*x*sin(x^2)	$2x\sin x^2$

には問題解答時に表示されるものを入力することができる．例えば，「正答」と「誤答」の「ラベル」と「表示」を表 B.3 のように入力し，「更新」をクリックする．「誤答」の「ラベル」と「表示」の入力欄が 2 つずつ自動的に追加される（図 B.11）．ただし，「表示する選択肢数」は最大 3 のままで，もし選択肢数を増やしたい場合は，「誤答」の候補を追加した後，あらためて「更新」をクリックするとよい．図 B.11 は，選択肢を入力した状態である．

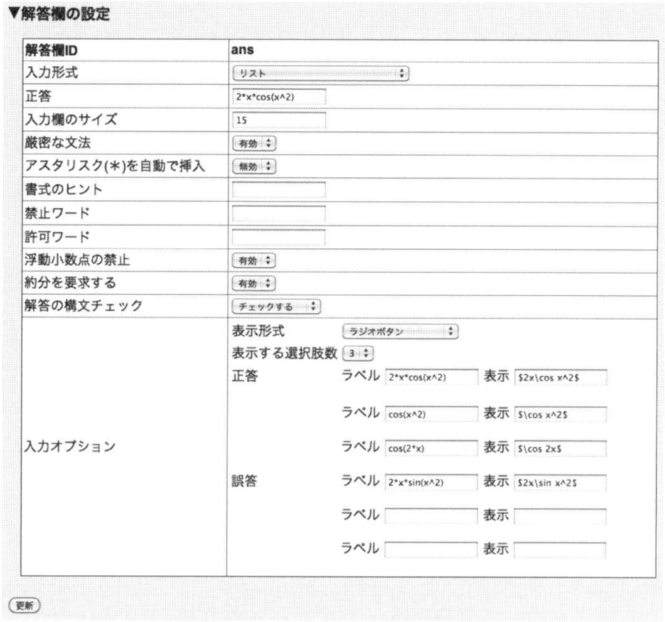

図 B.11　入力オプション欄の入力例

B.2.3　正答

問題に対する正答を入力する欄で，この欄は必ず設定しなければならない。解答の手引きを表示させた場合に，この欄に設定された解答が正答として表示される。したがって，解答の手引きが設定されていない場合は，実際には用いられることはない。

誤解しやすいのは，学生が入力した解答の正誤評価を行う場合，学生の解答と正答欄に設定された正答とが比較されるわけではないということである。学生の解答が処理されるのは，あくまでもポテンシャル・レスポンス・ツリーにおいてである。そのため，正答欄に正答が設定されていても，ポテンシャル・レスポンス・ツリーが設定されていない限り，学生が解答を入力して「送信」ボタンをクリックしても，学生の解答は処理されることはない。

B.2.4　入力欄のサイズ

学生が解答を入力するテキストボックスの横幅である。ただし，入力形式が○/×，単一文字，ドロップダウンリスト，リストの場合にはサイズを指定しても無効となる。入力形式が行列の場合は，行列要素の入力部分のサイズとなる。

B.2.5 厳密な文法，アスタリスク（*）を自動で挿入

これらは，学生の解答に自動的に乗算を示すアスタリスク（*）が挿入されるかどうかの設定のようであるが，少なくとも STACK2.0 では，有効・無効の設定にかかわらず，学生の解答の処理に違いはないようである。

B.2.6 書式のヒント

学生が解答するときの入力支援の1つである。解答として行列を入力する場合，入力形式で「行列」が設定されていない限り，例えば，行列 $\begin{pmatrix} 1 & 2 \\ 3 & 4 \end{pmatrix}$ を解答するときは，本来は matrix([1,2],[3,4]) と入力しなければならないが，入力ミスなどの間違いを引き起こす可能性も少なくない。入力ミスにより文法エラーが返されるなど，本質的ではないことで学生を悩ませることを避けるために，あらかじめ解答欄に matrix([?,?],[?,?]) と表示させておき，学生には「?」の部分だけを適切に置き換えるようにさせることも可能である。そのために，「書式のヒント」欄に matrix([?,?],[?,?]) と設定しておくとよい。ただし，行列のサイズも考えさせたい場合などは，matrix([?,? などと，部分的に入力しておくことも可能である。また，x^2+?*x+1 のような一般的な数式の場合にも用いることもできる。

B.2.7 禁止ワード

「禁止ワード」には学生が解答する場合に使用してはいけない文字列を設定することができる。例えば，$\dfrac{d}{dx}\sin x^2$ の計算問題で，「禁止ワード」に何も設定されていない場合，もし学生が Maxima の微分を計算するコマンドを知っていて，diff(sin(x^2), x) と解答しても，それが正解とみなされてしまう。それを避けるために，あらかじめ解答欄で使用してはいけない文字列として diff を指定しておくことにより，使用の抑制を行うことができる（図 B.12）。なお，「禁止ワードは」カンマで区切って複数設定可能である。

B.2.8 浮動小数点の禁止

「有効」と設定された場合，解答欄に 0.5 などの浮動小数点の入力が禁止される（図 B.13）。これは近似が行われることによるトラブルを避けるために用意されたもので

次の計算をせよ。
$$\frac{d}{dx}\sin(x^2)$$

解答: [diff(sin(x^2), x)]

diff(sin(x^2), x) は無効な解答です。diff はこの問題で解答に使用することを禁止されています。⚠

あなたの解答は受け付けられました。解答を見直して、よければもう一度送信ボタンをクリックしてください。訂正する場合は解答を修正してもう一度送信してください。

(送信)

図 B.12 禁止ワードを使用したときの警告

次の計算をせよ。
$$\int_0^1 x\,dx$$

解答: [0.5]

あなたの解答には小数が含まれています。整数または分数で解答してください。
例) 0.3333ではなく1/3と入力する ⚠

(送信)

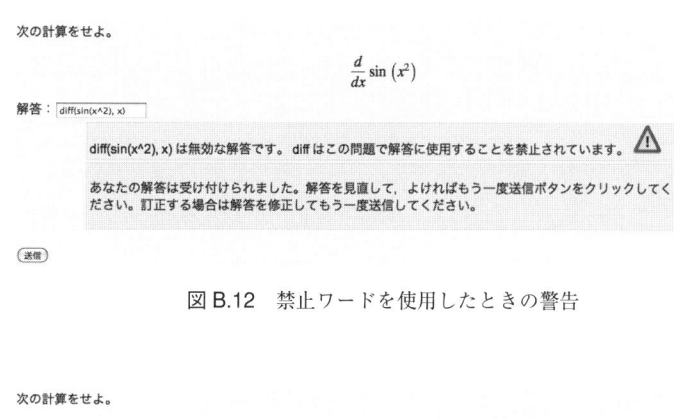

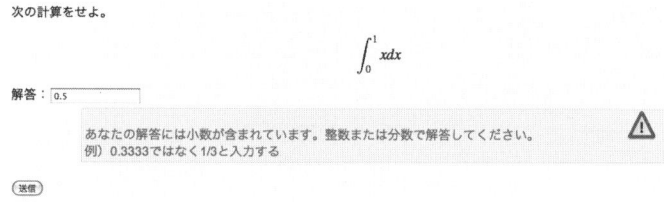

図 B.13 「浮動小数点の禁止」が「有効」の場合の警告

ある。

もちろん，解答として浮動小数点を含む数値を要求する場合，例えば，

> 3人の学生の身長はそれぞれ，165.4cm，170.5cm，174.2cm である。平均身長を四捨五入して小数点第1位まで求めよ。

のような問題では「無効」としておかなければならない。

B.2.9 約分を要求する

「有効」と設定された場合，学生が解答を入力する段階で約分された形式を要求する（図 B.14）。ただし，約分されているかどうかまで含めて採点の対象としたい場合などは「無効」としておき，ポテンシャル・レスポンス・ツリーの中で約分されているかどうかの判定を行うとよい。

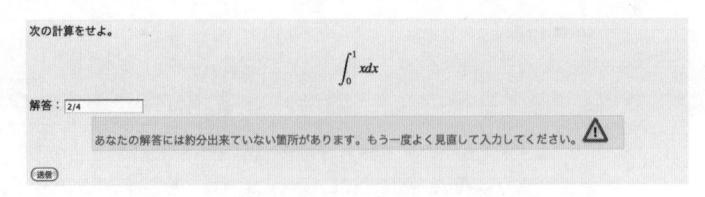

図 B.14　「約分を要求する」が「有効」の場合の警告

B.3　ポテンシャル・レスポンス・ツリー

　ポテンシャル・レスポンス・ツリーは，互いに関係づけられた，任意の数のポテンシャル・レスポンス（想定される学生の解答）で構成される，学生の解答の処理をするための機構で，STACK で最も特徴的な機能の1つであろう．図 B.15 は，ポテンシャル・レスポンス・ツリーの概念図であり，No: 0 から No: 6 が，想定される学生の解答，つまりポテンシャル・レスポンスであり，それぞれのポテンシャル・レスポンスに対して評価関数（付録 C）による判定を行い，評価関数を満たす（true）か満たさない（false）かによって，次のポテンシャル・レスポンスに推移していきながら，学生の解答に対する採点を行っていく．

　このように，ポテンシャル・レスポンス・ツリーは，学生の様々な解答のそれぞれに

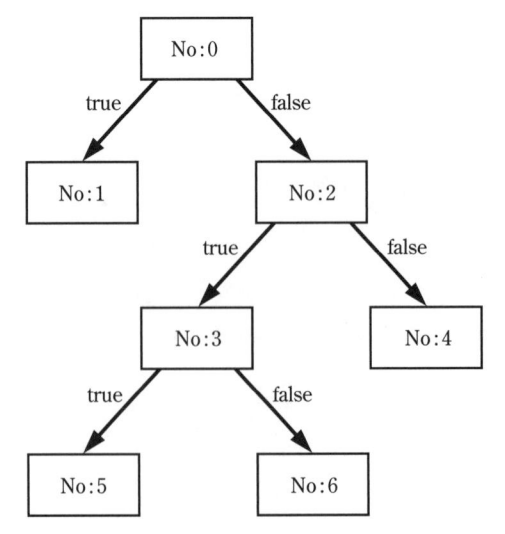

図 B.15　ポテンシャル・レスポンス・ツリーの概念図

対して，柔軟なフィードバックと採点を与えることのできる機構である。問題の良し悪しはこのポテンシャル・レスポンス・ツリーをいかに効果的に設計するかにかかっているといっても過言ではない。具体的なポテンシャル・レスポンス・ツリーの設計については第4章，第5章を参照していただくこととし，ここでは，その中で触れられなかった細かな部分を含め，各要素の整理をしておこう。

図 B.16 は，第5章で作成した Sample 11 のポテンシャル・レスポンス・ツリー「sol」の前半部分である。

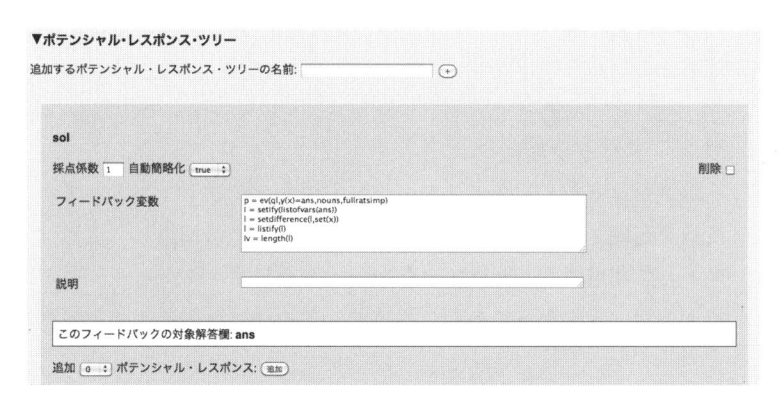

図 B.16　ポテンシャル・レスポンス・ツリー

追加するポテンシャル・レスポンス・ツリーの名前

ポテンシャル・レスポンス・ツリーにつける名前であり，自由につけることができる。日本語も可能である。名前を指定して，「+」ボタンをクリックすると，指定された名前のポテンシャル・レスポンス・ツリーが新たに追加される。複数の解答欄がある場合，それぞれの解答欄に対応するポテンシャル・レスポンス・ツリーを作成することができるが，その場合は異なる名前にしておくこと。

B.3.1　ポテンシャル・レスポンス・ツリーの要素

各ポテンシャル・レスポンス・ツリーには，複数のポテンシャル・レスポンスが含まれるが，それらに共通の要素は次のとおりである。

採点係数

「採点係数」は，各ポテンシャル・レスポンス・ツリーで与えられる点数に乗ずる係数である．例えば，1つの問題の中に小問，すなわち複数の解答欄があるとき，各小問に対して通常は1点が満点として与えられる．ところが，特定の小問については配点を下げたい場合などは，「採点係数」を0.5などとして，1点満点に対して，0.5点を満点とすることが可能となる．解答欄が1つの場合は，1のままでよい．

自動簡略化

数式の簡略化を行うかどうかの設定で，trueの場合は簡略化を行い，falseの場合は簡略化を行わない．

フィードバック変数

ポテンシャル・レスポンス・ツリーの各ポテンシャル・レスポンス内で使用される変数を定義する．ただし，問題文の作成のために使用した変数はフィードバック変数名として使用することはできない．それらはポテンシャル・レスポンス・ツリーの中でも使用できるからである．具体的な使用法は5.7節などを参照のこと．

説明

ポテンシャル・レスポンス・ツリーの説明を記述するとよい．

このフィードバックの対象解答欄

フィードバック変数や，各ポテンシャル・レスポンスに使用されている「解答欄ID」（付録B.2.1項）を読み取り，自動的に追加される．図B.16の場合には，ansがこのポテンシャル・レスポンス・ツリーで評価の対象となる解答欄IDであることがわかる．

追加

追加するポテンシャル・レスポンスの数をドロップダウンリストから選び，「追加」ボタンをクリックすることで，ポテンシャル・レスポンスが追加される．

B.3.2 ポテンシャル・レスポンスの要素

以下では，各ポテンシャル・レスポンスの要素を見てみよう．図B.17はSample 3のポテンシャル・レスポンス・ツリーの2つポテンシャル・レスポンスNo: 0, No: 1を表示している．

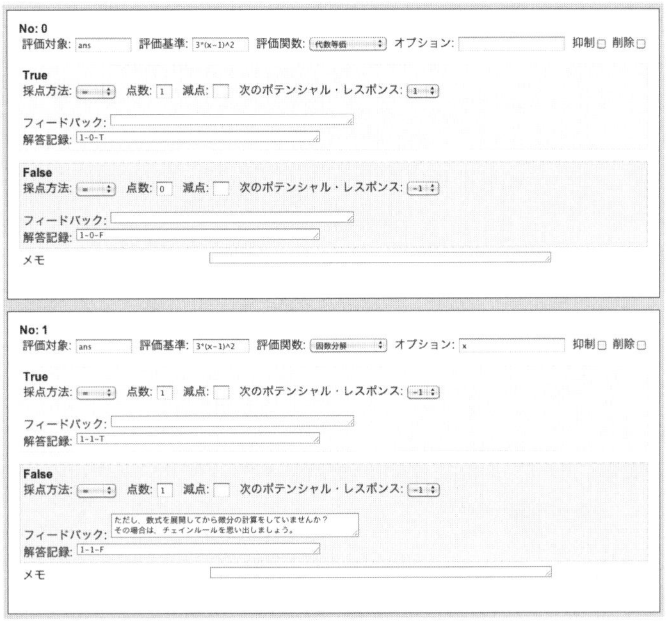

図 B.17　ポテンシャル・レスポンス

評価対象と評価基準

評価対象と評価基準はそれぞれ，次に紹介する評価関数によって扱われる引数である．図 B.17 の No: 0 の例であれば，ans と 3*(x-1)^2 が「代数等価」という評価関数で処理され，評価対象と評価基準が代数的に等しいかどうかを判定する．等しい場合は緑の背景の True に処理が移り，等しくない場合は赤の背景の False に処理が移ることになる．なお，誤解しやすいが，評価対象と評価基準は学生の解答と教師の解答にしなければならないというわけではない．あくまでも，評価関数の引数であり，自由に設定することができる．

評価関数

評価対象と評価基準を引数として各種判定処理を行う関数であり，様々な種類の関数が用意されている．適切な評価関数を選択することにより，問題に応じた柔軟なポテンシャル・レスポンス・ツリーを構成していくことが可能となる．個別の関数の詳細については付録 C を参照のこと．

オプション

評価関数で用いられるオプションである．図 B.17 の No: 1 では，「因数分解」という評価関数を使用している．これは，評価対象が因数分解されているかを判定することができる評価関数であるが，変数が何であるかをオプションとして指定する必要があり，ここでは x を指定している．

抑制

評価関数からのフィードバックの出力を抑制する（表示しない）ためにはチェックを入れる．

削除

ここにチェックを入れて，「更新」ボタンをクリックすると，このポテンシャル・レスポンスが削除される．

採点方法

1つのポテンシャル・レスポンス・ツリーの中で，ポテンシャル・レスポンスを推移していくごとに，True あるいは False に対して，どのように採点するかを指定する．採点方法は表 B.4 にまとめてある．

表B.4　ポテンシャル・レスポンス・ツリーでの採点

=		推移してきたポテンシャル・レスポンスの採点にかかわらず，「点数」で指定された点数が与えられる．「点数」欄が空欄の場合は0点とみなされる．通常，「次のポテンシャル・レスポンス」が「−1」すなわち，最終のポテンシャル・レスポンスに対して指定する．
+		このポテンシャル・レスポンスを通過するときに，「点数」で指定された点数が加えられる．
−		このポテンシャル・レスポンスを通過するときに，「点数」で指定された点数が引かれる．
=AT		推移してきたポテンシャル・レスポンスの採点にかかわらず，また，「点数」で指定された点数にかかわらず（たとえ空欄でも），1点が与えられる．

点数

各ポテンシャル・レスポンスで与えられる点数で，小数も含めて，自由に設定が可能である．空欄の場合は0点とみなされる．

減点

利用する場面はないと考えられる。減点したい場合は、「採点方法」で「−」を指定すればよいからである。

次のポテンシャル・レスポンス

次にどの番号のポテンシャル・レスポンスに推移するかを指定する。「−1」の場合は、このポテンシャル・レスポンスで解答の処理を終える。

フィードバック

学生に対して提示されるフィードバック。図 B.17 の例では、ポテンシャル・レスポンス No: 1 で False の場合、次のフィードバックが提示される。

　　ただし、数式を展開してから微分の計算をしていませんか？
　　その場合は、チェインルールを思い出しましょう。

各ポテンシャル・レスポンスの True あるいは False を推移していくとき、フィードバックが定義されたものは、すべて学生に対して提示される。

解答記録

STACK によって自動的に生成されるものである。図 B.17 の No: 0 の True の解答記録には、「1-0-T」が入力されているが、ポテンシャル・レスポンス・ツリー「1」のポテンシャル・レスポンス「No: 0」の「True」が選択されている、ということである。STACK の問題の受験結果のレポートで、この情報が使用され、学生がどのような解答をしてきたかを把握することが可能となる（第 7 章参照）。

メモ

各ポテンシャル・レスポンスに関する内容を記述しておくとよい。

B.4　オプション

図 B.18 は、オプションの設定欄を示している。設定項目は以下のとおりである。

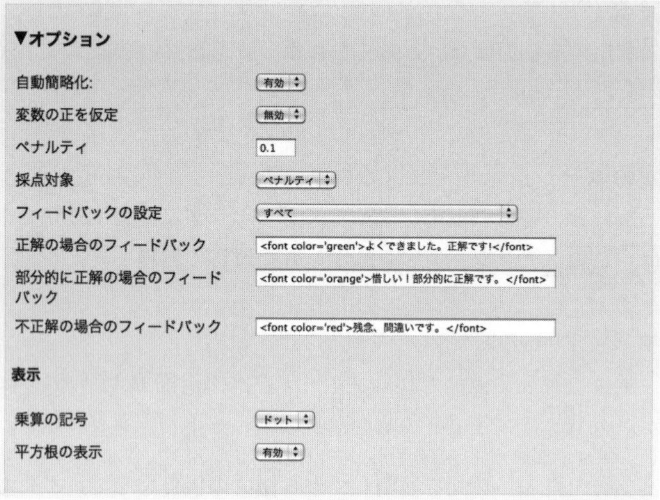

図 B.18　オプション

自動簡略化

　Maxima による式の簡略化を行うかどうかを設定するもので，大域変数 simp を設定することと同じである。「有効」（simp:true）で簡略化を行い，「無効」（simp:false）で簡略化を行わない。デフォルトは「有効」。

変数の正を仮定

　Maxima の大域変数 assume_pos を設定する。「有効」の場合，assume_pos:true となり，変数が正であることが仮定される。「無効」の場合，assume_pos:false となり，変数が正であることは仮定されない。デフォルトは「無効」。次の例は assume_pos が true と false の場合の $\sqrt{x^2}$ の Maxima での計算結果の様子を示したものである。

```
(%i1) sqrt(x^2);
(%o1)                                  abs(x)
(%i2) assume_pos:true;
(%o2)                                   true
(%i3) sqrt(x^2);
(%o3)                                    x
(%i4) assume_pos:false;
```

```
(%o4)                              false
(%i5) sqrt(x^2);
(%o5)                              abs(x)
```

ペナルティ

次項の「採点対象」で「ペナルティ」を選択した場合，学生の解答が誤答であるたびに，一定の点数を減点していくが，その減点数を設定する。デフォルトは 0.1 点。

採点対象

学生の解答の採点方法を設定する。「ペナルティ」の場合，学生の解答が誤答であるたびに，一定の点数を減点していく。例えば，1 回の減点数が 0.1 点で，3 回目の解答で正解を得た場合（正解を得るまでに 2 回間違えた），満点を 1 点として，0.8 点が与えられることになる。「最初の解答」の場合，学生が最初に入力した解答が採点対象となり，「直近の解答」の場合，学生が最後に入力した解答が採点対象となる。

フィードバックの設定

学生の解答に対して，何をフィードバックとして返すかを設定する。表示の設定の有無を指定できるのは，「テキスト」，「一般的なフィードバック」，「点数」である。「テキスト」とは，ポテンシャル・レスポンスの「フィードバック」で記述されたもの，「一般的なフィードバック」は「よくできました。正解です！」などの，正答，部分正答，誤答に対する一般的なフィードバック，「点数」は採点結果となる。

テストを行う目的に応じて，フィードバックを選択するとよいだろう。

正解の場合のフィードバック

学生の解答が正答の場合に与えられるフィードバックであり，HTML で記述することにより，テキストに色を使うことも可能である。デフォルトでは，

<font color='green'>よくできました。正解です！</font>

であり，緑色で表示される。

ただし，注意しなければならないのは，このフィードバックが与えられるのは，厳密には，採点結果の点数に依存しており，満点（通常は 1 点）の場合にこのフィード

バックが与えられる。したがって，誤答の場合でも，ポテンシャル・レスポンスの「点数」欄を間違えて1点としてしまうと，「よくできました。正解です！」というフィードバックを表示してしまうので，気をつける必要がある。

部分的に正解の場合のフィードバック

学生の解答に対する採点が1点を満点とした場合，0点より大きく，1点未満の採点結果の場合に学生に与えられるフィードバックである。デフォルトでは，

<font color='orange'>惜しい！部分的に正解です。</font>

であり，オレンジ色で表示される。

不正解の場合のフィードバック

学生の解答に対する採点が0点の場合に与えられるフィードバックである。デフォルトでは，

<font color='red'>残念、間違いです。</font>

であり，赤色で表示される。

乗算の記号

乗算の記号をどのように表すかの設定であり，・（ドット）か，×のどちらかを選択することができる。デフォルトはドットである。

平方根の表示

Maximaの変数 sqrtdispflag の設定と同等で，「有効」を選択した場合は sqrtdispflag:true となり，sqrt(x) は $\sqrt{x}$ と表示され，「無効」を選択した場合は sqrtdispflag:false となり，sqrt(x) は $x^{\frac{1}{2}}$ と表示される。

B.5 解答に対するフィードバックの設定

ポテンシャル・レスポンス・ツリーを作成すると自動的に追加され，ここを操作することはほとんどないと考えられるので，説明は割愛する。

B.6 メタデータ

図 B.19 は，メタデータの設定欄を示している．設定項目は以下のとおりである．

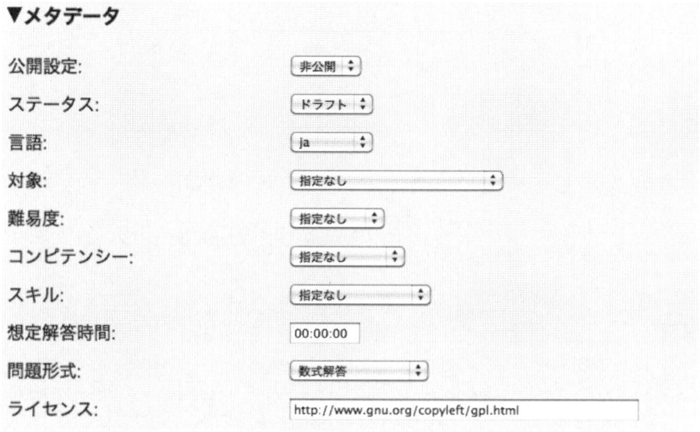

図 B.19 オプション

公開設定

　自分で作成した問題を，同じ STACK システム内の他のユーザに対して公開するかどうかなどの設定である．「非公開」とした場合は，その問題は所有者のみ STACK の問題バンクの「あなたの問題一覧」で閲覧することができる（図 B.20）．それに対し，「公開」とした場合は，他のユーザが開いた STACK の問題バンクの「公開されている問題」に表示される（図 B.21）．公開されている問題については，自分の問題として複製することが可能となる．なお，「個人」という設定もあるが，STACK2.0 では「非公開」と違いはないようである．

ステータス

　「ドラフト」，「完成」，「バグあり」の設定ができ，問題の作成状況を示すものである．

言語

　問題の言語を指定するものである．

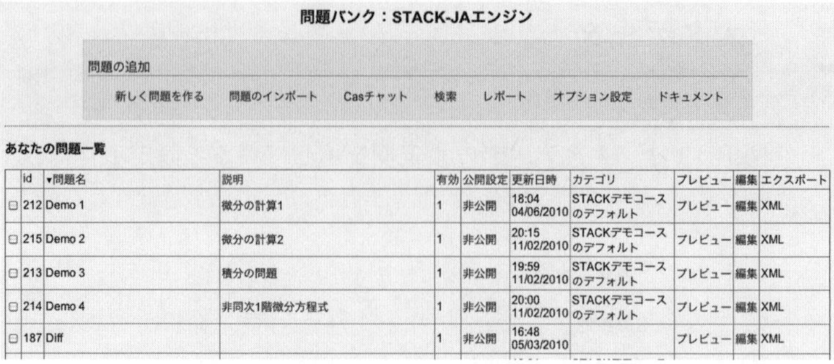

図 B.20　あなたの問題一覧

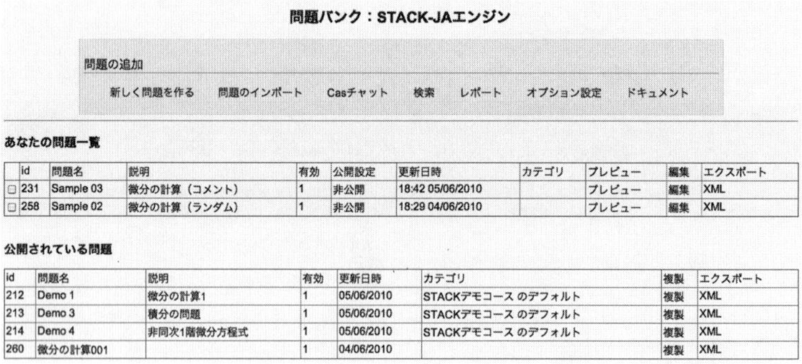

図 B.21　公開されている問題

対象

作成した問題が提示されるべき，対象学年（レベル）を指定するものである．

難易度

難易度を指定するもので，「大変易しい」「易しい」「普通」「難しい」「大変難しい」の5段階から選択することができる．

コンピテンシー

作成した問題がどのような特徴を持つかを指定するものである．

スキル

作成した問題を解くために要求される能力を指定するものである．

想定解答時間

　解答するのに要すると考えられる時間，あるいは問題を解くための制限時間を指定するものである。

問題形式

　問題の形式（数式解答，多肢選択，穴埋め）を指定するものである。

ライセンス

　問題のライセンスの種類を指定するものである。

B.7　Moodle オプション

　作成した問題を Moodle の問題バンクに作成するための設定である（6.1.3 項参照）。ただし，選択することのできるカテゴリは，どのコースから問題編集画面を開いたかによって異なるので注意すること。また，すでに Moodle の問題バンクに登録されている場合は，図 B.22 のように表示される。

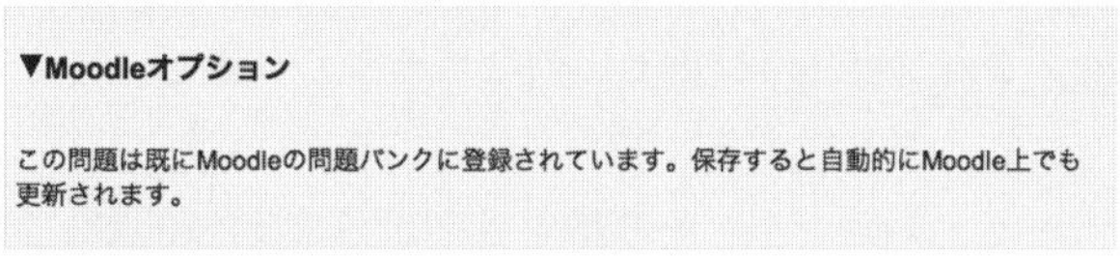

図 B.22　問題が Moodle の問題バンクに登録されている場合の Moodle オプションの表示

付録 C
評価関数

C.1　概要

　STACK で学生の解答の評価を行うとき，評価関数の機能が利用されている．特に，ポテンシャル・レスポンス・ツリーにより，学生の様々な解答を想定してフィードバックを返す場合，学生の解答がどのような種類のものであるかを判定しなければならないが，そのときに用いられる判定法が評価関数で定義されている．

　以下で紹介する様々な評価関数は内部では，`AnswerTest(StudentAnswer, TeacherAnswer,Opt)` という関数を実行し，出力として `Result`, `Score`, `FeedBack`, `Note` を与える．ただし，`AnswerTest` の部分は，判定法によって異なった評価関数名となる．また，`AnswerTest` の引数はそれぞれ表 C.1 のとおりであり，具体的な出力は表 C.2 のとおりである．図 C.1 には問題 Sample 03 のポテンシャル・レスポンス・ツリーのポテンシャル・レスポンス No: 1 の評価関数に関連する部分を示している．この場合，`StudentAnswer` が `ans`，`TeacherAnswer` が `3*(x-1)^2`，オプションが `x` であるので，`FacForm(ans, 3*(x-1)^2, x)` という因数分解されているかどうかを判定する評価関数が実行されることになる．

　それでは，具体的に個別の評価関数を確認していこう．なお，各項の丸括弧内の表記は，STACK の内部で使われている評価関数の関数名である．

表 C.1　評価関数の引数

`StudentAnswer`	Maxima の入力書式で表現された評価対象
`TeacherAnswer`	Maxima の入力書式で表現された評価基準
`Opt`	各評価関数固有のオプション

表C.2 評価関数の出力

Result	true, false, fail のいずれかとなる。fail は評価関数自体がうまく動作しなかったことを意味する。また，これがポテンシャル・レスポンス・ツリーの分岐を決定する。
Score	0 から 1 の間の数値。この数値に基づき STACK は学生の解答に対し点数を与えることができる。この数値は，ポテンシャル・レスポンス・ツリーの分岐ごとに上書きされる。
FeedBack	学生に対して提示される文字出力。CAS テキストとして設定され学生の解答に依存した形式でもよい。
Note	学生の解答をレビューするために使われる文字列。

図C.1 ポテンシャル・レスポンスの評価関数の関連部分

C.2 等号

正誤評価の過程で最も重要な要素は，2 つの数式が等しいかどうかを決定することである。

教師が学生に $(x+1)^2$ を展開せよという問題を課し，ある学生からの解答が $x^2+x+x+1$ であったとしよう。この解答は，展開された形式になっており，なおかつ $(x+1)^2$ と代数的に等しいという意味では「正解」かもしれない。しかし，同類項 x と x をまとめていないという意味では「不正解」である。$2x+x^2+1$ という解答についてはどうであろうか。これは，同類項をまとめているという意味では，間違いなく良くなっているが，項が適切に並べ替えられた標準形にはなっていない。これらの判定を行うために，様々な形式の評価関数が必要になってくる。

C.2.1 構文等価（CASEqual）

評価対象と評価基準の構文木が等しいかどうかを判定する。この判定は，簡単化が有効になっているかどうかで異なった判定をし，簡単化が無効の場合は，2 つの構文木が同等であるかどうかを効果的に判定することができる。

具体的には次のとおりである。

- 自動簡略化が true のとき `x^2=x*x` と判定される。
- 自動簡略化が false のとき `x^2<>x*x` と判定される。

C.2.2　交換・結合等価（`Equal_com_ass`）

初等演算の交換法則，結合法則を満たしているかどうかを判定する。例えば，$a+b=b+a$ であるが，$x+x\neq 2x$ など。この判定は，正確な形式の解答が必要な初等代数においては大変便利である。この判定の際には，CAS による簡単化（例えば，$x+x$ を $2x$ と書き換えるなど）は自動的に無効となり，有効としてもそれは無視される。

C.2.3　代数等価（`AlgEquiv`）

これは最もよく使われる評価関数で，2 つの数式（例えば ex_1 と ex_2）が代数的に等しいかどうか，つまり，ex_1-ex_2 が簡単化されて 0 となるかどうかを判定する。これは，擬コードで表現すれば，

```
if
  simplify(ex1 - ex2) = 0
then
  true
else
  false
```

のように表されるものである。ここで，`simplify()` コマンドは，CAS による式の簡単化を意味する。代数等価は，リスト，集合，方程式，不等式，行列など，様々な数式を扱うことができる。また，交換・結合等価と異なり，簡単化が有効になっているかどうかにかかわらず，数式 ex_1-ex_2 は完全に簡単化され，評価される。そして，数式 ex がある条件を満たすかどうかを ture, false を返す論理関数（例えば，`expand(ex)` は，数式 ex が展開された形式になっているかどうかを判定する）については，その論理関数を `predicate` としたとき，`AlgEquiv(predicate(ex), true)` という形式で用いる。

C.2.4 変数等価（SubstEquiv）

評価対象と評価基準で用いられている変数が異なる場合でも，それを同じ変数と置き換えて等価であるか判定を行う。判定基準は代数等価に従う。例えば，評価基準が 2*x のとき，評価対象が 2*y であっても正答であるとする。

C.2.5 型等価（SameType）

STACK では，数式として，等式，不等式，集合，リスト，行列，それ以外の数式の型があるが，型等価は 2 つの数式が同じ型であるかどうかを判定する。

C.3 表現

学生の数式が正しい表現となっているかどうかを判定したい場合がよくあるだろう。例えば，$x^2 - 4x + 4$ の表現として，次のようなものが考えられる。

$$(x-2)(x-2), \quad (x-2)^2, \quad (2-x)^2, \quad 4\left(1 - \frac{x}{2}\right)^2$$

これらは，どれも因数分解がなされたものとみなすことはできる。しかし，ある数式 ex が因数分解されているかどうかを判定するために，ex と factor(ex) とを比較するだけでは不十分である。

以下は，STACK で用意されている，数式表現が適切になっているかどうかをテストするものである。

C.3.1 既約（LowestTerms）

このテストは，以下の 2 段階の評価を行う。

1. 評価対象と評価基準が代数的に等しいかどうかを判定。
2. 数式中に書かれているすべての数値が約分されているかどうかを判定。

例えば，評価対象が $\frac{2(x+1)^2}{4}$，評価基準が $\frac{(x+1)^2}{2}$ であるとき，両者は代数的には等しいが，前者は係数が約分されていないので，評価関数「既約」では，false となる。なお，解答欄の設定の「約分を要求」を無効にしなければならない。

C.3.2 展開（Expanded）

評価対象 ex が expand(ex) に表現として等しいかどうかを判定する。例えば，ex を $(x+1)^2$ としたとき，$(x+1)^2$ と expand(ex) の結果 x^2+2x+1 とは表現として等しくないので，false となる。つまり，評価対象が展開されているかどうかの判定である。なお，この評価関数では，2番目の引数は使われないが，空欄であってはいけない。数式を展開させる問題を課す場合は，代数等価等と組み合わせて用いる必要がある。

C.3.3 因数分解（FacForm）

この評価関数は，以下の2段階の評価を行う。

1. 評価対象と評価基準が代数的に等しいかどうかを判定。
2. 評価対象が因数分解されているかを判定。

このテストでは，オプションに変数を指定することが必要である。また，この評価関数の戻り値が false の場合，かなり詳細なフィードバックが示される。

C.3.4 仮分数（SingleFrac）

この評価関数は，以下の2段階の評価を行う。

1. 評価対象と評価基準が代数的に等しいかどうかを判定。
2. 評価対象が既約された分数1つだけで表現されているかどうかを判定。

オプションには変数を入力する。

C.3.5 部分分数（PartFrac）

この評価関数は，以下の2段階の評価を行う。

1. 評価対象と評価基準が代数的に等しいかどうかを判定。
2. 評価対象が部分分数に分解されているかどうかを判定。

C.4 精度

この種類の評価関数は数値の精度を扱う。

C.4.1 相対精度 (`Num_tol_relative`)

数値としての評価対象 sa と，評価基準 ta とが，

$$|sa - ta| \leq \text{opt} \cdot |ta|$$

であるかどうかを判定する。ここで，opt は精度の程度を指定するオプションである。すなわち，相対精度では，評価対象と評価基準との誤差の，評価基準に対する相対的な精度を判定するものである。

C.4.2 絶対精度 (`Num_tol_absolute`)

数値としての評価対象 sa と，評価基準 ta とが，

$$|sa - ta| \leq \text{opt}$$

であるかどうかを判定する。ここで，opt は精度の程度を指定するオプションであり，デフォルトでは 0.05 となっている。つまり，絶対精度では，評価対象と評価基準との誤差の絶対的な評価を行っている。

C.4.3 超過 (`Num_GT`)，以上 (`Num_GTE`)

評価対象 sa，評価基準 ta とも，数値であることが仮定されている。したがって，「浮動小数点の禁止」を無効にしたほうがよい。このテストでは，評価対象を完全に簡単化し，可能ならばそれを実数に変換する。そして，$sa > ta$，あるいは $sa \geq ta$ であるかどうかを判定する。実数化の処理は，無理数や π などを含む数式を扱うためには必要になる。

C.5 計算

C.5.1 微分（Diff）

このテストは一般的な微分に関するテストで，第1引数は評価対象であり，オプションとして変数の指定が必要である。微分に対する詳細なフィードバックが表示され，例えば間違えて積分していた場合は「積分をおこなっていませんか？」のようなメッセージが提示されたり，微分が間違っている項を示してくれたりする。

C.5.2 積分（Int）

このテストは一般的な不定積分のために設計されたものである。第1引数が評価対象，第2引数が評価基準であり，オプションとしてどの変数で積分を実行するのかを指定しなければならない。評価基準には，`int` 関数を用いることが推奨される。一般的な設定でこのテストがうまく判定できるようにすることは大変難しい。例えば，このテストは積分定数が $+c$ のような形で表現されることを仮定している。しかし，もちろん，積分定数としてどのような文字が使われるかは重要ではない。このテストは，$\ln(c|x|)$ のような形で積分定数が含まれているような評価基準に対する，評価対象の正誤評価を行うことはできない。その場合には，新たなテストを開発する必要がある。

C.6 その他

次のテストは Maxima を利用せず，PHP の機能だけを使っている。

C.6.1 文字列（String）

文字列の一致を判定する。評価対象の文字列の先頭あるいは末尾に空白がある場合は，PHP の `trim()` 関数によってその空白が除去されて判定が行われる。注意しなければならないのは，日本語には対応していないことである。また，連続した3つ以上のアルファベットが続く文字列にも対応していない。

Moodleのクエスチョンタイプの記述問題（Shortanswer）が存在するので，STACK2.0

以降ではこの評価関数は価値が薄れていると言えるかもしれない。

C.6.2 あいまい文字列（StringSloppy）

文字列で与えられた評価対象，評価基準を，まずすべて小文字に変換し，すべての空白が除かれたうえで，厳密な文字列の比較が行われる。ただし，評価関数「文字列」で述べたことと同じく Moodle の記述問題を使用すべきであろう。

C.6.3 正規表現（RegExp）

正規表現のマッチングで，これは PHP の ereg() 関数が実行されている。もし，文字列が浮動小数点数であるかどうかを判定するには，正規表現 [0-9]*\.[0-9]* を利用すればよい。

C.7　新しい評価関数の開発

以上のように，数式の正誤評価だけでなく，様々な評価方法が評価関数として用意されているが，必要に応じて新しい評価関数を開発し，追加することが可能である。現在，実装されていない評価関数として，科学の分野における単位付きの数値に関する評価関数などがある。

付録 D

CAS テキスト

D.1 CAS テキストの基本

STACK で問題を作成するとき，「問題文」など多くのフィールドでは，CAS テキストという形式で入力を行う．CAS テキストとは，CAS の利用を可能にするテキストで，STACK の問題文の作成，解答の手引きの作成時に用いられる．CAS テキストには基本的な TeX による数式，Maxima のコマンド（主なものは付録 A を参照のこと）や HTML のタグを利用することができ，TeX や Maxima のコマンドが実行されて，CAS テキストで作成した文書がブラウザ上に表示される．TeX による数式をブラウザ上に表示するために，STACK では TtH, TtM による HTML, MathML への変換，あるいは，jsMath が利用されている．

CAS テキストの主な入力ルールは以下のとおりである．

- $と$，あるいは\(と\)で挟まれた部分は，通常の TeX と同様に，インラインの数式として表示される．
- \[と\]で挟まれた部分は，独立した行の中央にディスプレイスタイルの数式として表示される．
- @と@で挟まれた部分は Maxima によって評価され，インラインの数式として表示される．例えば，@diff(x^2, x)@は $2x$ と表示される．表示は TeX による数式表示と同じであるが，$@diff(x^2, x)@$のように，$と$で挟む必要はない．
- Maxima のコマンドを使った数式のディスプレイスタイルの表示の場合は，\[@diff(x^2, x)@\] としなければならない．$$@diff(x^2, x)@$$は無効である．

- HTMLタグを利用することができ，テキスト中にリンクを作成したり，画像を埋め込むことが可能となる。ただし，`<html>`テキスト`</html>`のように終了タグを忘れないこと。
- テキストの改行をする場合，TeX の\\は使用できない。その代わりに，HTML の`<br />`を使用することができる。

例えば，

```
@x^4/(1+x^4)@を$x$で微分すると
\[ \frac{d}{dx} \frac{x^4}{1+x^4} = @diff(x^4/(1+x^4), x)@ \]
となる。
```

と CAS テキストとして入力すると

$\dfrac{x^4}{1+x^4}$ を x で微分すると

$$\frac{d}{dx}\frac{x^4}{1+x^4} = \frac{4x^3}{1+x^4} - \frac{4x^7}{(1+x^4)^2}$$

となる。

のように表示される。

D.2　変数の利用

問題編集画面での「変数」やポテンシャル・レスポンス・ツリーの「フィードバック変数」で定義された変数が，問題文や解答の手引き内で@で挟まれて使用された場合には，Maxima で評価されて表示される。

例えば，問題編集画面での「変数」で，

```
p = x^4/(1+x^4)
```

のように，変数 p が定義されたとき，

```
@p@を$x$で微分すると
\[ \frac{d}{dx} \frac{x^4}{1+x^4} = @diff(p, x)@ \]
となる。
```

と記述することにより,

$$\frac{x^4}{1+x^4}$$ を x で微分すると

$$\frac{d}{dx}\frac{x^4}{1+x^4} = \frac{4x^3}{1+x^4} - \frac{4x^7}{(1+x^4)^2}$$

となる。

と表示することができる。

D.3 　　基本的な TeX コマンド

表 D.1 に，STACK の問題を作成する場合によく用いられる基本的な TeX コマンドを掲載しておく。より詳しい TeX による数式表示は [58] などを参照のこと。なお，イン

表 D.1 　基本的な TeX コマンド

	LaTeX コマンド	表示
べき	x^{10}	x^{10}
添字	a_{ij}	a_{ij}
平方根	\sqrt{x}	$\sqrt{x}$
分数	\frac{x+1}{x^2+x+1}	$\frac{x+1}{x^2+x+1}$
微分	\frac{d}{dx}f(x)	$\frac{d}{dx}f(x)$
不定積分	\int f(x) dx	$\int f(x)dx$
定積分	\int_a^b f(x) dx	$\int_a^b f(x)dx$
三角関数	\sin, \cos, \tan	$\sin,\ \cos,\ \tan$
極限	\lim_{x \to 0} \frac{\sin x}{x}=1	$\lim_{x\to 0}\frac{\sin x}{x}=1$
和	\sum_{k=1}^n k = \frac{n(n+1)}{2}	$\sum_{k=1}^n k = \frac{n(n+1)}{2}$
2項演算子	\pm, \times, \cap, \cup	$\pm,\ \times,\ \cap,\ \cup$
関係演算子	\le, \ge, \subset, \supset \equiv, \simeq, \approx, \neq	$\le,\ \ge,\ \subset,\ \supset$ $\equiv,\ \simeq,\ \approx,\ \neq$

ラインの数式で，表示はディスプレイスタイルの数式にしたい場合は，\displaystyle コマンドを利用するとよい．例えば，`$\frac{1}{x+1}$`と記述すると $\frac{1}{x+1}$ のように表示されるが，`$\displaystyle \frac{1}{x+1}$`と記述すると $\displaystyle\frac{1}{x+1}$ のように表示される．

D.4　よく使う HTML

表 D.2 に，STACK で有用なよく使われる HTML タグを紹介する．なお，終了タ

表D.2　STACK で用いられる HTML の例

段落	入力	`<p>`これは第 1 段落です．`</p>`
		`<p>`これは第 2 段落です．`</p>`
	表示	これは第 1 段落です．
		これは第 2 段落です．
改行	入力	`<p>`パラグラフの途中で改行` `することができます．`</p>`
	表示	パラグラフの途中で改行
		することができます．
箇条書き	入力	`<ol>`
		`<li>`これは 1 項目目です．`</li>`
		`<li>`これは 2 項目目です．`</li>`
		`</ol>`
	表示	1. これは 1 項目目です．
		2. これは 2 項目目です．
リンク	入力	`<a href="http://ja-stack.org/">Ja STACK.org</a>`
	表示	Ja STACK.org
画像表示	入力	`<img src="画像ファイル" />`
太字	入力	`<b>`これは太字です．`</b>`
	表示	**これは太字です．**
大きい文字	入力	`<big>`これは大きい文字です．`</big>`
	表示	これは大きい文字です．
イタリック	入力	`<i>`これはイタリックです．`</i>`
	表示	*これはイタリックです．*
プログラムコード	入力	`<code>#include <stdio.h></code>`
	表示	`#include <stdio.h>`
下付文字	入力	これは`<sub>`下付文字`</sub>`です．
	表示	これは$_{下付文字}$です．
上付文字	入力	これは`<sup>`上付文字`</sup>`です．
	表示	これは^{上付文字}です．

グを忘れないこと。終了タグがなくてもエラーにはならないが，問題をXML形式でインポート・エクスポートするときにトラブルが生じる可能性がある。

D.5 Google Chart Tools の利用

STACKのCASテキストではHTMLタグが使用できるので，それを応用してGoogle Chart Toolsを利用することも可能である。例えば，「問題の編集」画面の「問題文」で

以下のベン図において，$A=37$, $A \cup B=102$, $A \cap B=19$のとき，Bを求めよ。

```
<img src="http://chart.apis.google.com/chart?cht=v&chs=250x100
&chd=t:37,84,0,19&chdl=A|B" />
```

$B=$ #ans#

と記述することにより，問題の中にGoogle Chart Toolsを利用した図を挿入し，図D.1のような問題を扱うことができる。

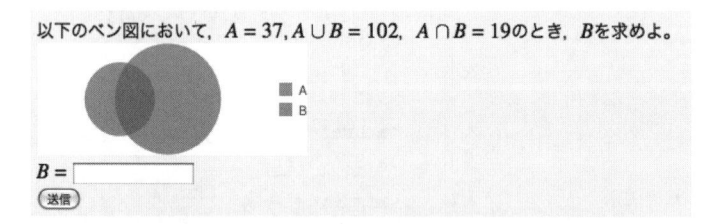

図D.1 Google Chart Toolsを用いた問題

なお，STACK2.1では，グラフを作成するためのデータ部分に，変数を用いることもできる。例えば，「問題の編集」画面の「変数」で

```
a=rand(101)
b=rand(101)
c=rand(51)
d=a+b-c
```

と定義し，「問題文」で

> 以下のベン図において，$A=\$@a@$, $A \cup B=\$@d@$, $A \cap B=\$@c@$のとき，$B$を求めよ。
>
> ```
> <img src="http://chart.apis.google.com/chart?cht=v&chs=250x100
> &chd=t:30,100,0,10&chdl=A|B" />
> $B=$ #ans#
> ```

と記述することにより，変数に応じたベン図を作成することも可能である。

付録 E
インストールガイド

E.1 サーバ

E.1.1 サーバ要件

- OS：CentOS5.2 または 5.3[*1]（フルパッケージインストール）
- 必須アプリケーション：
    - PHP5
    - mysql5
    - Apache2.2

E.1.2 サーバ準備

STACK と Moodle のインストールに不足しているパッケージをインストールする。すでにインストールされているものは省いてかまわない。

```
# yum install mysql-server php curl php-mbstring php-gd php-mysql
php-xmlrpc php-dom php-soap php-tidy gcc gcc-c++ gnuplot cvs
```

MySQL の設定ファイル /etc/my.cnf に以下の設定を行う。

```
default-character-set = utf8
skip-character-set-client-handshake
character-set-server = utf8
```

[*1] CentOS では，5.2 と 5.3 において正常にインストールできることを確認している。

```
collation-server = utf8_general_ci
init-connect = SET NAMES utf8
```

E.1.3 Moodle

2010 年 7 月 2 日現在において，STACK は Moodle1.9.9+ で動作することを確認した (2008 年 11 月 14 日より古い STACK では動作しない)。

- Moodle バージョン: Moodle1.9.9+
- ダウンロード URL:
  http://download.moodle.org/stable19/moodle-1.9.9.tgz

本書では Moodle のインストールについては省略する。Moodle のインストールについて詳しく知りたい場合は，http://moodle.org/のドキュメント，または https://e-learning.ac/moodle-resourses/にある Moodle インストールマニュアルが参考になるだろう。

以下，すでに Moodle がドキュメントルート (/var/www/html) にインストールされて，http://yourdomain/のような形でアクセスできる状態で正常動作しているものとして進行する。

E.2　LISP SBCL

STACK が使用する数式処理システム Maxima が LISP により作成されているため，LISP をインストールする。CLISP などでもかまわないが，本書では ja-stack.org で配布されている SBCL と SBCL 用の Maxima を使用する。

E.2.1 ダウンロード

まず，SBCL の RPM パッケージをダウンロードする。

```
# wget http://ja-stack.org/download/centos/5/i386/sbcl-1.0.22-1.
el5.i386.rpm
```

E.2.2 インストール

SBCL をインストールする。

```
# rpm -ivh sbcl-1.0.22-1.el5.i386.rpm
```

E.2.3 動作確認

次のようにして動作確認を行う。

```
# sbcl
This is SBCL 1.0.22, an implementation of ANSI Common Lisp.
More information about SBCL is available at <http://www.sbcl.org/>.

SBCL is free software, provided as is, with absolutely no warranty.
It is mostly in the public domain; some portions are provided under
BSD-style licenses. See the CREDITS and COPYING files in the
distribution for moreinformation.
*
[1]> (quit)
Bye.
```

E.3 Maxima

E.3.1 ダウンロード

まず，ja-stack.org から Maxima をダウンロードする。

```
# wget http://ja-stack.org/download/centos/5/i386/maxima-5.17.1-1.centos5.i386.rpm
# wget http://ja-stack.org/download/centos/5/i386/maxima-exec-sbcl-5.17.1-1.centos5.i386.rpm
```

E.3.2　インストール

Maxima をインストールする。

```
# rpm -ivh maxima-5.17.1-1.centos4.i386.rpm maxima-exec-sbcl-5.17.1-1.centos5.i386.rpm
```

E.3.3　動作確認

簡単な計算を行って，動作確認を行う。

```
# maxima
(%i1) x0: 5;
(%o1)                           5
(%i2) x1: 7;
(%o2)                           7
(%i3) integrate (x^2, x, x0, x1);
                               218
(%o3)                          ---
                                3
(%i4) quit();
```

E.4　jsMath

数式の表示には TtH, TtM, jsMath のいずれかが必要である。STACK2.2 からは jsMath のみのサポートになるため，本節で解説する jsMath が正常にインストールできた場合は，次節の TtH, TtM は必須ではない。

E.4.1　ダウンロード

moodle.org から jsmath フィルタをダウンロードし，解凍する。解凍したフォルダを moodle の filter フォルダに移動する。また，jsmath フォルダにある ZIP ファイルも解凍する。

```
# wget http://download.moodle.org/plugins/filter/jsmath.zip
# unzip jsmath.zip
# cd jsmath
# unzip jsMath.zip
# unzip jsMath-image-fonts.zip
# mv ../jsmath /var/www/html/filter/
```

E.4.2 設定の変更

ダウンロードしたままのjsmathフィルタはSTACKに対応していない。STACKで作成された数式を正常に表示するためjavascript.phpを編集し設定を変更する必要がある。

```
# vi /var/www/html/filter/jsmath/javascript.php
(以下編集画面)
jsMath = {
 Moodle:{
  version:1.9,// version of this file
  processSlashParens: 1,// process \(...\) in text?
  processSlashBrackets: 1,// process \[...\] in text?
  processDoubleDollars: 1,// process $$... $$ in text?
  processSingleDollars: 1,// process $... $ in text?
  fixEscapedDollars: 0,// convert \$ to $ outside of math mode?
  mimetexCompatible: 0,// make jsMath handle mimetex better?
  doubleDollarsAreInLine: 0,// make $$... $$ be in-line math?
  allowDoubleClicks: 0,// show TeX source for double-clicks?
  allowDisableTag: 1,// allow ID="tex2math_off" to disable tex2math?
  showFontWarnings: 0,// show jsMath font warning messages?
  processPopups: 1,// process math in popup windows?
  loadFiles: null,// a single file name or [file,file,...]
  loadFonts: null,// a single font name or [font,font,...]
  scale: 120,// the default scaling factor for jsMath
  filter: 'filter/jsmath'// where the filter is found
 }
};
```

E.5 TtH, TtM

　数式の表示は前節の jsMath のほうがきれいであるため，jsMath を使って数式が表示される場合は，TtH, TtM のインストールは必要ない。

E.5.1 TtH

ダウンロード

　ソースを http://hutchinson.belmont.ma.us/tth/tth-noncom/tth_linux.tar.gz からダウンロードし，解凍する。

```
# wget http://hutchinson.belmont.ma.us/tth/tth-noncom/tth_linux.tar.gz
# tar xvzf tth_linux.tar.gz
```

インストール

　解凍したフォルダ内の tth を /usr/local/bin にコピーする。

```
# cp tth_linux/tth /usr/local/bin/
```

E.5.2 TtM

ダウンロード

　ソースを http://hutchinson.belmont.ma.us/tth/mml/ttmL.tar.gz からダウンロードし，解凍する。

```
# wget http://hutchinson.belmont.ma.us/tth/mml/ttmL.tar.gz
# tar xvzf ttmL.tar.gz
```

インストール

　解凍したフォルダ内の ttm を /usr/local/bin にコピーする。

```
# cp ttmL/ttm /usr/local/bin/
```

E.6　STACK

E.6.1　ダウンロード

本書では ja-stack.org で配布されている日本語版 STACK を使用する[*2]。ダウンロードしたフォルダは /var/www/html に移動する。

```
# wget http://ja-stack.org/download/stack-ja.tar.gz
# tar xvzf stack-ja.tar.gz
# mv stack-ja/ /var/www/html/
```

E.6.2　データベースの作成

STACK のインストーラを起動する前に STACK 用のデータベースを作成しておく必要がある。

```
# mysql -u root -p
Enter password:( パスワードを入力 )
mysql> CREATE DATABASE stack DEFAULT CHARACTER SET utf8;
mysql> GRANT ALL ON stack.* TO stack@localhost IDENTIFIED BY 'password';
mysql> quit;
Bye
```

E.6.3　tmp，stacklocal フォルダの作成

一時保存用の tmp フォルダと log 用の stacklocal フォルダを作成する。

ここで stack-ja フォルダ全体の所有者を apache に変更している。これはインストールの際に，STACK が自動で config.php を生成するためであり，インストールが終了した後は tmp フォルダ以外の所有者を root に変更してもかまわない。tmp フォルダ

[*2] オリジナルの STACK は http://sourceforge.net/projects/stack/ からダウンロードできる。また，STACK の最新版は次のようにして CVS でソースコードを取得することができる。
$ cvs -z3 -d:pserver:anonymous@stack.cvs.sourceforge.net:/cvsroot/stack co -P stack-dev

については apache が書き込めるようにしておくこと。また，stacklocal フォルダはブラウザからは読み込めない場所に作成しておくこと。

```
# mkdir -m 02700 /var/www/html/stack-ja/tmp
# chown -R apache:apache /var/www/html/stack-ja/
# mkdir -p -m 02700 /var/www/stack/stacklocal
# chown apache:apache /var/www/stack/stacklocal
```

E.6.4　インストール

STACK をインストールする準備が整ったのでブラウザで STACK にアクセスする。`http://yourdomain/stack-ja/` にアクセスする。

- (1/7)「Submit」をクリックする（図 E.1）。
- (2/7)「続ける」をクリックする（図 E.2）。
  エラーが表示されている場合は，そのアプリケーションインストールがうまくいっていない可能性があるので，再度インストールしてみてること。
- (3/7) データベース情報を入力し，「続ける」をクリックする（図 E.3, E.4）。
- (4/7) Web サーバの情報と CAS の設定を行う（図 E.5, E.6）。
- (4/7) 数式表示等の設定を行い，「送信」をクリックする。jsMath のパスは `http://yourdomain/filter/jsmath/jsMath/` である（図 E.7）。
- (5/7) 管理者情報とパスワードを入力し，「送信」をクリックする（図 E.8）。
- (6/7)「続ける」をクリックする（図 E.9）。
- (7/7) 設定ファイルが書き出される。ここで表示されている URL と Passkey は Moodle で設定を行う際に必要なのでメモを取っておくこと。
  「動作確認開始」をクリックする（図 E.10）。
- 動作確認が始まる（図 E.11）。
- すべての項目についてエラーがないか確認すること。動作確認が終了したらインストールは完了である。

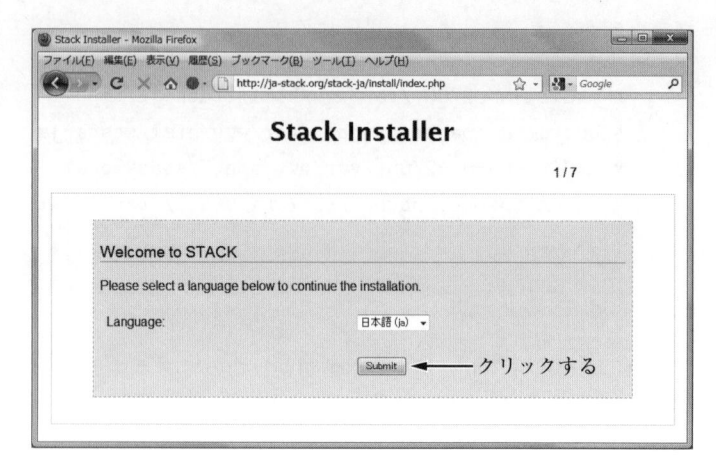

図 E.1　STACK のインストーラの起動

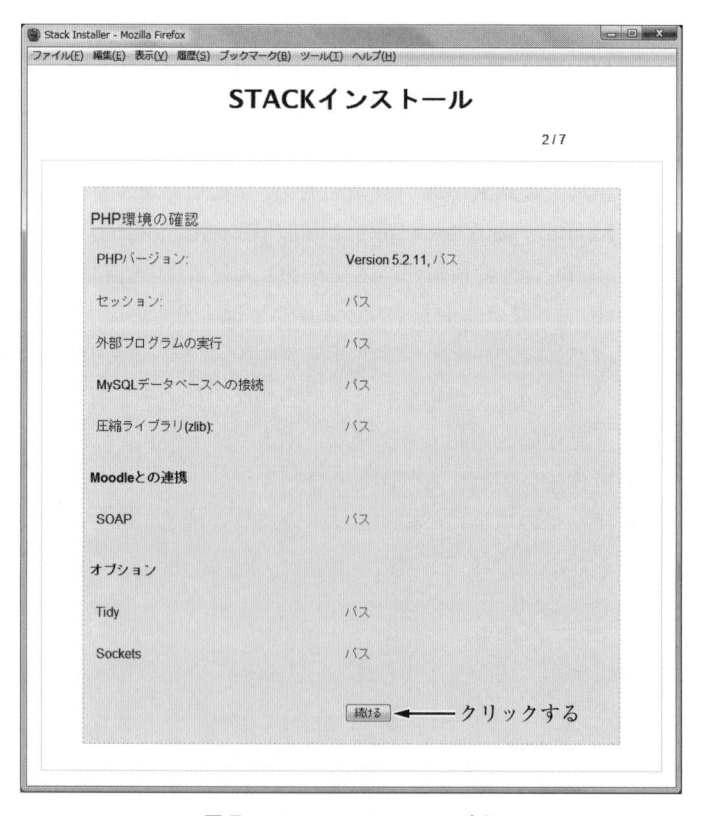

図 E.2　PHP オプションの確認

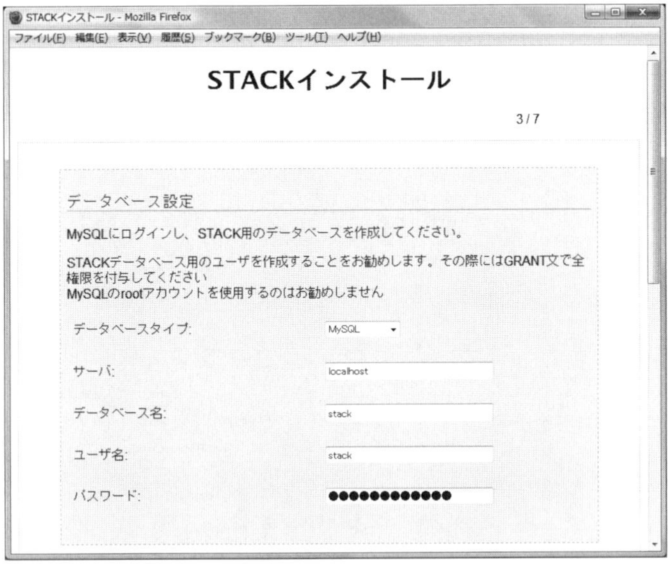

図 E.3　STACK 用データベース情報の入力

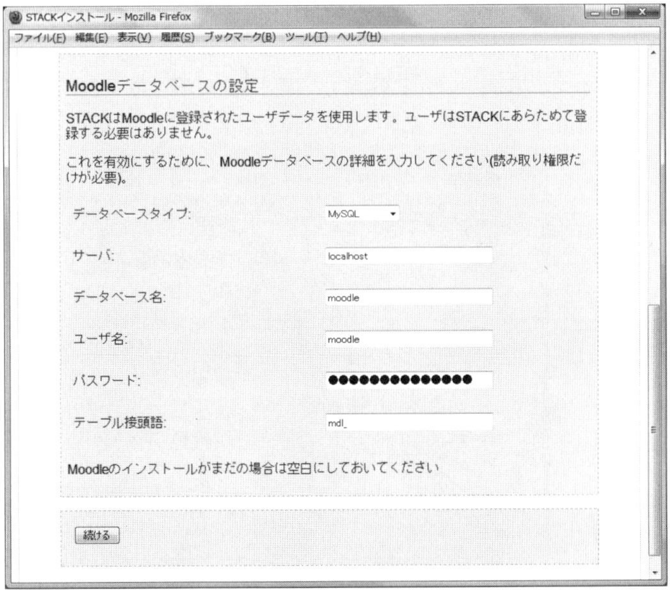

図 E.4　Moodle 用データベースの設定

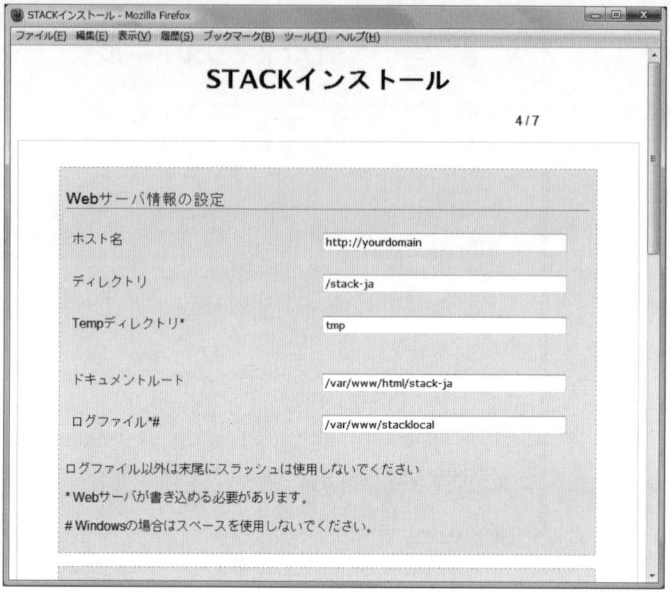

図 E.5　Web サーバ情報の設定

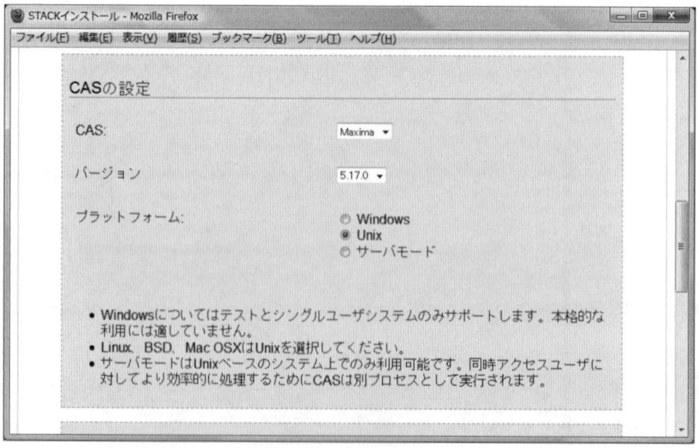

図 E.6　CAS の設定

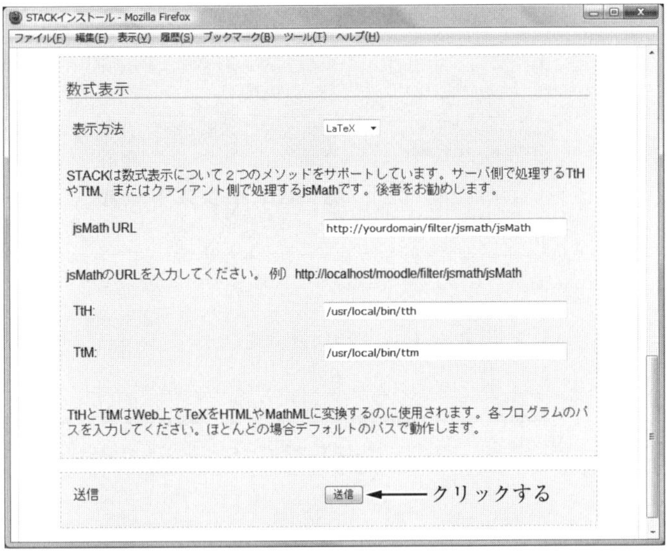

図 E.7　数式表示のための設定

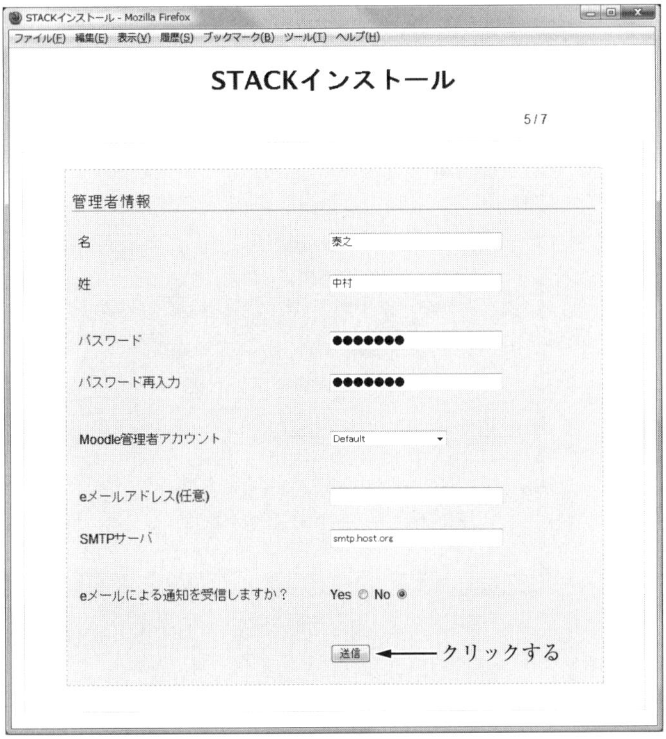

図 E.8　STACK 用管理者情報の設定

図 E.9　CAS のテストの開始

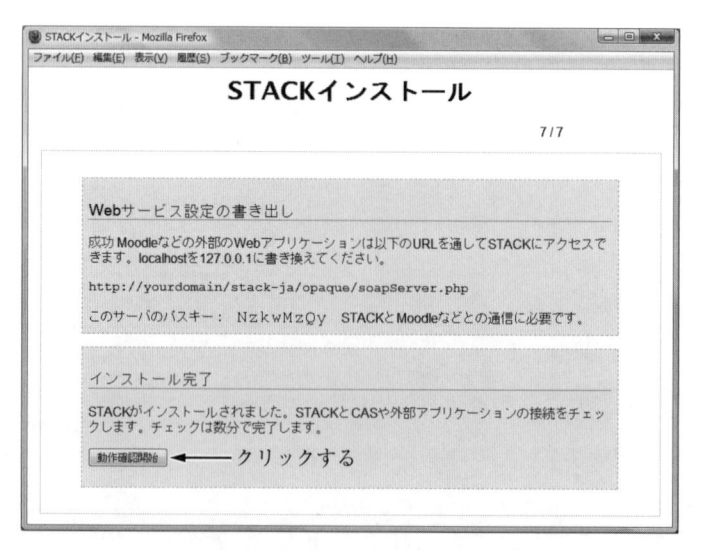

図 E.10　設定ファイルの書き出し

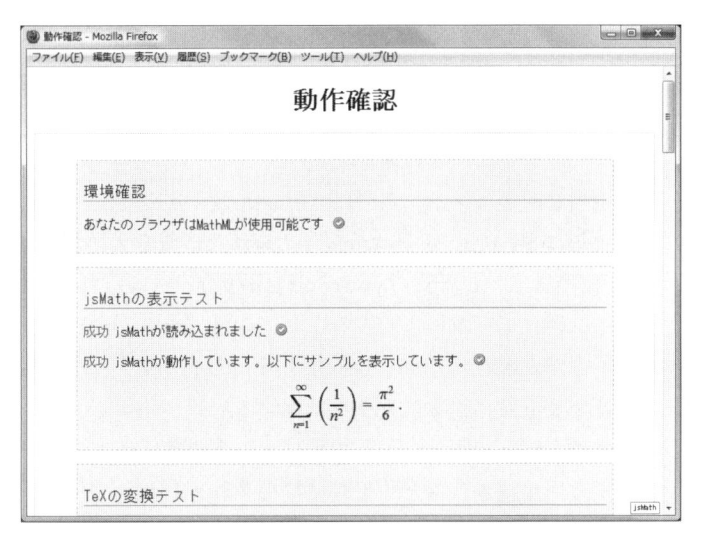

図 E.11 Health Check の開始

E.7 Moodle プラグイン

E.7.1 Opaque 問題タイプ

Moodle の小テストで STACK で作成した問題を扱うために Opaque 問題タイプが必要になる。これは STACK に同梱されているものを使用する。Moodle サイトでも Opaque 問題タイプが配布されているが，STACK 用にカスタマイズされたものでないと正常に動作しない。

インストール

STACK に同梱されている Opaque を Moodle の `question/type` フォルダにコピーする。

```
# cp -r /var/www/html/stack-ja/opaque/moodleModule/opaque/ /var/www/html/question/type
```

http://yourdomain/admin/index.php にブラウザでアクセスする。正常にインストールが行われるとデータベースに Opaque テーブルが作成される。

設定

1. `http://yourdomain/question/type/opaque/engines.php` にアクセスする。
2. 「問題モジュールの追加」をクリックする。
3. 適当な問題エンジン名（例えば stack）を入力し，問題エンジン URLs とパスキーに STACK サーバから与えられた情報を入力する。
    STACK（`http://yourdomain/stack-ja/`）にブラウザでアクセスし，メインメニューのテストスイートから Opaque server を選択するとサーバのパスキーが表示される（付録 E.6.4 項 (7/7) に表示されているものと同じ）。
4. 「変更を保存する」をクリックする。
5. 作成された問題エンジンの横にある虫眼鏡アイコンをクリックする。
6. 正常に接続されると「正常に接続されました。」と表示される。

E.7.2　STACK ブロック

STACK と Moodle の連携をスムーズにするために STACK ブロックをインストールする。Opaque と同様に STACK に同梱されている。

インストール

STACK に同梱されている STACK ブロックを Moodle の blocks フォルダにコピーする。

```
# cp -r /var/www/html/stack-ja/opaque/moodleModule/stack/ /var/www/html/blocks/
```

`http://yourdomain/admin/index.php` にブラウザでアクセスする。正常にインストールが行われるとデータベースに STACK テーブルが作成される。

E.7.3　jsMath フィルタ

数式フィルタとして jsMath フィルタを使用する。

設定

Moodle に管理者としてログインし，管理メニューのプラグイン＞フィルタより

jsmath フィルタを有効にする。

以上で，STACK を Moodle で使用する準備が整った。

参考文献

[1] D. Sleeman and J. S. Brown, editors, *Intelligent Tutoring Systems*, Academic Press, 1982.

[2] Math, Physics, and Engineering Applets, http://www.falstad.com/mathphysics.html

[3] Physical Mathematics（基礎科学のための数学的手法）, http://www.cmt.phys.kyushu-u.ac.jp/virtuallab/phys/physmath/

[4] Nakamura, Y., Nakano, H., and Tokunaga, K., Virtual Laboratory for Physics Education, Proc. International Conference on Information Technology Based Higher Education and Training (ITHET2002), 2002, CD-ROM.

[5] ePhysics, http://www.riise.hiroshima-u.ac.jp/ePhysics/e-physics.html

[6] 初歩のサイエンス　Everyday Physics on Web, http://topicmaps.u-gakugei.ac.jp/

[7] 有機化学 plus on web, http://pub.maruzen.co.jp/book_magazine/yuki/web/index.html

[8] 中村泰之, 数式処理ソフトウェアを用いた物理シミュレーション教材, 大学の物理教育, Vol. 2, 2003, pp. 61–64.

[9] 北海道・千歳科学技術大学 e ラーニングシステム CIST-Solomon（学内・高大連携用）, http://solomon.mc.chitose.ac.jp/ael/

[10] 千歳科学技術大学編, 理数教育における e ラーニング実践事例, ワオ出版, 2005.

[11] The Mathematics Survival Kit, http://www.maplesoft.com/products/MSK/

[12] Weiner, J., The Mathematics survival kit, Nelson Canada, 2005.

[13] Maple 14 – Math & Engineering Software – Maplesoft, http://www.maplesoft.com/products/Maple/

[14] Course: AiM Assessment in Mathematics, http://maths.york.ac.uk/yorkmoodle/course/view.php?id=67

[15] Klai, S., Kolokolnikov, T., and Van den Bergh, N., Using Maple and the web to grade mathematics tests., Proc. International Workshop on Advanced Learning Technologies, Palmerston North, New Zealand, 2000, pp. 89–92.

[16] Strickland, N., Alice interactive mathematics, MSOR Connections, Vol. 2, 2002, pp. 27–30.

[17] Maple T.A. Testing, Evaluation and Grading Software - Maplesoft, http://www.

maplesoft.com/products/mapleta/

[18] Seton Hall University transforms placement process with Maplesoft-MAA Placement Test Suite - Maplesoft, http://www.maplesoft.com/company/publications/articles/view.aspx?SID=5139

[19] Using Maple T.A improves final test results of engineering students - Maplesoft, http://www.maplesoft.com/company/publications/articles/view.aspx?SID=4909

[20] Blackboard Home, http://www.blackboard.com/

[21] Moodle.org: open-source community-based tools for learning, http://moodle.org/

[22] I-Learn.unito.it - Moodules Site, http://www.i-learn.unito.it/moodules/

[23] Maple and Moodle Transform Math Teaching at the University of Turin:The E-Learning Project of the Faculty of Sciences - Maplesoft, http://www.maplesoft.com/company/publications/articles/view.aspx?SID=7038

[24] Mavrikis, M. and Maciocia, A., Wallis: a web-based ILE for science and engineering stu- dents studying mathematics, Proc. Workshop of Advanced Technologies for Mathematics Education in 11th International Conference on Articial Intelligence in Education, Sydney, Australia, 2003, pp. 505–512.

[25] WALLIS, http://www.maths.ed.ac.uk/wallis/

[26] RMIT - WebLean, http://weblearn.rmit.edu.au/

[27] CalMæth Home Page, https://calmaeth.maths.uwa.edu.au/

[28] Monson, R., and Judd, K., CalMaeth: An Interactive Learning System Focussing on the Di- agnosis of Mathematical Misconceptions, J. Comp. Math. Sci. Teach., Vol. 20, 2001, pp. 19–43.

[29] 篠田有史・吉田賢史・中山弘隆・松本茂樹, WebMathematica と Flash による数式の自動採点システム, 2007 PC Conference 論文集, 2007, pp. 69–70.

[30] 携帯電話から webMathematica, http://133.104.82.61/webMathematica/

[31] 大橋真也, iPod Touch と webMathematica を活用した数学の探索的学習の試み, 2008 PC Conference 論文集, 2008

[32] Naismith, L., and Sangwin, C. J., Computer algebra based assessment of mathematics on- line, Proc. 8th CAA Conference, UK, 2004.

[33] Axiom Computer Algebra System, http://www.axiom-developer.org/

[34] Open Source Campus Management and LMS, http://logicampus.sourceforge.net/

[35] Maxima, a Computer Algebra System, http://maxima.sourceforge.net/

[36] 横田博史, はじめての Maxima, 工学社, 2006.

[37] The LearningOnline Network with CAPA, http://www.lon-capa.org/

[38] The LearningOnline Network with CAPA, http://www.lon-capa.org/cas.html

[39] 数学学習支援システム CAML, http://next1.cc.it-hiroshima.ac.jp/CAMLSHOW/camlUse.html

[40] Sangwin, C. J., and Grove, M. J., STACK: addressing the needs of the "neglected learners", Proc. First WebALT Conference and Exhibition, Netherlands, 2006,

pp. 81–95.

[41] Sangwin, C. J., Assessing Elementary Algebra with STACK, Int. J. Math. Edu. Sci. Tech., Vol. 38, 2008, pp. 987–1002.

[42] STACK, http://stack.bham.ac.uk/

[43] Computer Algebra in Education, ACA2005, http://math.unm.edu/ACA/2005/education.html

[44] 中村泰之, 数学オンラインテスト・評価システム STACK の日本語化, 数式処理, Vol. 15, 2008, pp. 73–80.

[45] TtH: the TeX to HTML translator, http://hutchinson.belmont.ma.us/tth/

[46] TtM, a TeX to MathML translator, http://hutchinson.belmont.ma.us/tth/mml/

[47] jsMath: jsMath Home Page, http://www.math.union.edu/~dpvc/jsMath/

[48] Development:Open protocol for accessing question engines - MoodleDocs, http://docs.moodle.org/en/Development:Opaque

[49] 中村泰之・中原敬広・秋山實, STACK と Moodle で実践する数学 e ラーニング, 2009PC カンファレンス論文集, 2009, pp. 19–22.

[50] Ja STACK.org, http://ja-stack.org/

[51] Welcome! - The Apache Software Foundation, http://www.apache.org/

[52] The Official Microsoft IIS Site, http://www.iis.net/

[53] gnuplot homepage, http://www.gnuplot.info/

[54] STACK CAA(stackcaa) on Twitter, http://twitter.com/stackcaa

[55] 日本語版 STACK(stackja) on Twitter, http://twitter.com/stackja

[56] E. クライツィグ著, 北原和夫・堀素夫共訳, 常微分方程式（原書第 8 版）, 培風館, 2006.

[57] Converting question formats - StackWiki, http://stack.bham.ac.uk/wiki/index.php/Converting_question_formats

[58] 奥村晴彦, LaTeX2ε 美文書作成入門, 技術評論社, 2006.

索引

■ 英字

abs   32
addrow   137
AiM (Assessment in Mathematics)   3
AlgEquiv   166
assume_pos   158
Axiom   5

Blackboard   3

CAA (Computer Aided Assessment)   6
CABLE   5
CalMæth   4
CAML   5
CAS (Computer Algebra System)   2
——テキスト   172
CASEqual   165
CentOS   178
CLISP   179
commonfaclist   131

decimalplaces   131
desolve   89
'diff   88
Diff   170
diff   44
divthru   131
Dragmath エディタ   18, 34, 146
——＋HTML フォーム   144
dummy   133

e （自然対数の底）   30
eigenvalues   84
emptyp   85
Equal_com_ass   166
ev   91
exp   32
expand   71
Expanded   168

FacForm   168
factor   73
factorlist   131
Flash   1
fullratsimp   91, 130

GNUPLOT   12
Google Chart Tools   176

HTML   175
——タグ   175

IEfeedback   141
<img>タグ   103
Int   170
int   77, 130
integrate   130
intersection   85
invert   83
iPod touch   4

Ja STACK.org   13, 14

Java Applet   1
Java 言語   1
Java3D   1
jsMath   12, 181
　——フィルタ   192

lambda   136
length   91
LISP   179
listify   91
LMS   3
ln   32, 130
log   32, 130
LogiCampus   5
LON-CAPA   5
LowestTerms   167

makelist   134
Maple   3
Maple T.A.   3
Mathematica   4
matrix   80
Maxima   5, 12, 128, 180
Moodle   3, 12, 179
　——オプション   115, 163
MySQL   11

nouns   91
nterms   97
Num_GT   169
Num_GTE   169
Num_tol_absolute   169
Num_tol_relative   169
numberp   96

ode2   89
Opaque   113
　——問題タイプ   191

PartFrac   168
PHP   11

π 30
plot   63
plot2d   133
PRTfeedback   142

rand   50, 134
rand_with_prohib   66, 135
rand_with_step   66, 135
RegExp   171
rhs   83
rowmul   137
rowswap   137
rref   137

SameType   167
SBCL   179
scientific_notation   131
setdifference   91
setify   84
significantfigures   131
simp   131
simplify   130
SingleFrac   168
solve   67
sqrtdispflag   160
STACK (System for Teaching and Assessment using a Computer algebra Kernel)   5, 6
　—— Wiki   12
　——デモコース   14
　——ブロック   41, 192
　——1.0   8
　——2.0   9
　——2.1   9
　——2.2   11
String   170
StringSloppy   171
subst   69
SubstEquiv   167

TeX コマンド   174

The Mathematics Survival Kit　2
TtH　12, 183
TtM　12, 183
Twitter　13

Wallis　3
WebLearn　4
webMathematica　4
Web サーバ　11

XML 形式　108

`zip_with`　136

■あ

あいまい文字列　171
アスタリスク（*）を自動で挿入　150

以上　169
一般解　88
因数分解　54, 71, 168
インポート　107
インラインの数式　172

エイリアス　130
エクスポート　107

オープンソース　7
オプション　156, 157
オンラインテスト　2

■か

解答記録　125, 157
解答の手引き　57, 140
解答欄　44
　——ID　44, 141
解の公式　67
学習管理システム　3
「学生」のレポート　123

型　129
　——等価　167
括弧　31
仮分数　168
簡略化　131

キーワード　139
基本解　92
既約　167
逆行列　81
行列　33, 78, 129, 146
　——の積　80
虚数単位　30
ギリシャ文字　33
禁止ワード　44, 150

クォート　88
グラフを利用した問題　61

携帯電話　4
言語　161
減点　157
厳密な文法　150

公開　106
　——設定　106, 161
交換・結合等価　166
構文等価　165
固定問題　42
このフィードバックの対象解答欄　154
固有値　81
コンピテンシー　162

■さ

採点係数　154
採点済み　122
採点対象　159
採点方法　156
削除　156
三角関数　32

指数関数　32
自然科学教育　1
自動簡略化　154, 158
シミュレーション教材　1
集合　33, 129
乗算　31
　——の記号　160
小テスト　116
書式のヒント　150

数学オンラインテストシステム　2
数学教育　2
数式　144
　——入力　30
数式処理システム（CAS）　2
数値　30
スキル　162
ステータス　161

正解の場合のフィードバック　159
正規表現　171
正答　149
積分　75, 170
　——定数　76
絶対精度　169
絶対値　32
説明　139, 154
線形化　101

相対精度　169
想定解答時間　163
素点　126

■た

対象　162
対数関数　32
代数等価　166
単一文字　144

超過　169

追加　154

定数　130
ディスプレイスタイルの数式　172
展開　168
点数　156

等式　33
同次微分方程式　87
同次 2 階微分方程式　92
特殊解　88
ドロップダウンリスト　146

■な

難易度　162

日本語版 STACK　9
　——コミュニティサイト　14
　——1.0　9
　——2.0　9
入力形式　143
入力欄のサイズ　149
任意定数　89

■は

パスキー　192
判別式　66

非同次 1 階微分方程式　87
微分　170
微分方程式　87, 92, 99
評価関数　47, 155, 164
評価基準　47, 155, 164
評価対象　46, 155, 164
「評定表」のレポート　126
評点　124

フィードバック　53
　——の設定　159

——変数　74, 154, 173
複数の解答欄　65
不正解の場合のフィードバック　160
物理教育　1
不等式　33, 129
浮動小数点の禁止　150
部分的に正解の場合のフィードバック　160
部分点　77
部分分数　168
プレビュー　47

平衡点　99
平方根の表示　160
べき乗　31
ペナルティ　159
ベン図　176
変数　139
　　——等価　167
　　——の正を仮定　158

方程式　129
ポテンシャル・レスポンス　45, 152
　　——・ツリー　45, 152

■ま

○/×　144

無効　122

名詞形式　88
メタデータ　161
メモ　140, 157

文字列　170
問題ID　138

問題エンジン　192
問題カテゴリ　108
問題形式　163
問題の確認　47
問題の保存　47
「問題」のレポート　121
問題バンク　111
問題文　43, 140
問題名　138

■や

約分を要求する　151

有効　122

抑制　156

■ら

ライセンス　163
ランダム問題　49

力学　103
リスト　33, 129, 146

レポート機能　120
連立微分方程式　99

ロール　41
ロトカ・ボルテラ方程式　100

■わ

割り当て　132

【著者紹介】

中村泰之（なかむら・やすゆき）

  1965 年生（岡山県）
  岡山県立岡山操山高等学校卒業
  京都大学大学院工学研究科数理工学専攻博士後期課程修了
  現在，名古屋大学大学院情報科学研究科准教授，名古屋大学情報文化学部准教授（兼担）
  博士（工学）

数学 e ラーニング　　数式解答評価システム STACK と Moodle による理工系教育

2010 年 8 月 10 日　第 1 版 1 刷発行　　　　　　　　　　ISBN 978-4-501-54820-9 C3037

著　者　中村泰之
　　　　ⒸNakamura Yasuyuki 2010

発行所　学校法人 東京電機大学　　〒101-8457　東京都千代田区神田錦町 2-2
　　　　東京電機大学出版局　　　　Tel. 03-5280-3433（営業）03-5280-3422（編集）
　　　　　　　　　　　　　　　　　Fax. 03-5280-3563　振替口座 00160-5-71715
　　　　　　　　　　　　　　　　　http://www.tdupress.jp/

[JCOPY] ＜(社)出版者著作権管理機構 委託出版物＞
本書の全部または一部を無断で複写複製（コピー）することは，著作権法上での例外を除いて禁じられています。本書からの複写を希望される場合は，そのつど事前に，(社)出版者著作権管理機構の許諾を得てください。
［連絡先］Tel. 03-3513-6969，Fax. 03-3513-6979，E-mail: info@jcopy.or.jp

印刷・製本：(株)リーブルテック　　装丁：福田和雄
落丁・乱丁本はお取り替えいたします。　　　　　　　　　　　　　　Printed in Japan